中等职业教育机械类专业一体化规划教材

零件钳工加工

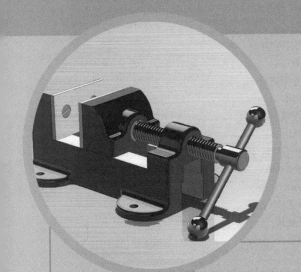

主　编　杨彩红　肖春友　谭永林

副主编　陈志成　佘高红　熊邦凤

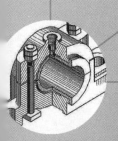

重庆大学出版社

内容提要

本书根据中等职业教育"理实一体、工学交替"教学实践编写。本书共 6 个任务，主要包括骰子的制作、羊角缝锤子的制作、五角合套的制作、刀口直尺的制作、冲模零件的钳工制作及塑料模零件的钳工制作等。

本书可作为中等职业学校和技工学校模具专业的专业课教材，也可作为钳工培训类教材。

图书在版编目（ＣＩＰ）数据

零件钳工加工 / 杨彩红，肖春友，谭永林主编. --
重庆：重庆大学出版社，2017.7
中等职业教育机械类系列教材
ISBN 978-7-5689-0615-9

Ⅰ. ①零… Ⅱ. ①杨… ②肖… ③谭… Ⅲ. ①钳工—
中等专业学校—教材 Ⅳ. ①TG9

中国版本图书馆CIP数据核字(2017)第146231号

零件钳工加工
主　编　杨彩红　肖春友　谭永林
副主编　陈志成　佘高红　熊邦凤
策划编辑：周　立

责任编辑：李定群　　版式设计：周　立
责任校对：谢　芳　　责任印制：赵　晟

*

重庆大学出版社出版发行
出版人：易树平
社址：重庆市沙坪坝区大学城西路 21 号
邮编：401331
电话：(023)88617190　88617185(中小学)
传真：(023)88617186　88617166
网址：http://www.cqup.com.cn
邮箱：fxk@cqup.com.cn（营销中心）
全国新华书店经销
重庆华林天美印务有限公司印刷

*

开本：787mm×1092mm　1/16　印张：9.75　字数：231 千
2017 年 7 月第 1 版　　2017 年 7 月第 1 次印刷
印数：1—2 000
ISBN 978-7-5689-0615-9　定价：30.00 元

前 言

"零件钳工加工"是"模具拆装与调试""冲压模具制作""塑料模具制作"的专业基础课。其任务是使学生掌握模具加工过程中用到的钳工基础知识、方法和技能。同时,通过"零件钳工加工"的学习,可提高学生的全面素质,培养学生的综合职业能力、创新精神和良好的职业道德,为学生从事本专业工作和适应职业岗位的变化以及学习新的生产科学技术打下基础。

涵盖职业技能考证标准,满足从业岗位要求,以工作页的内容主要包括骰子的制作、羊角缝锤套的制作、刀口直尺的制作。本工作页与教合使用,通过本工作页与教材的学习,使学论知识,掌握各种通用工量具的使用技量技能,能完成本专业钳工岗位的工作任

书既强调基础,又力求体现新知识、新技术,按工作岗位需要的核心能力精心设计每个教学任务,教学内容与国家职业技能鉴定规范及企业工作过程相结合。本书以典型零件为载体,在编写时精心设计问题,使钳工理论知识和实训知识有机融合;突出理论实训一体化的教学原则;理论知识部分尽量选用图片、照片等,避免烦琐的文字,以创设或再现工作岗位情境,激发学生学习兴趣;技能操作部分力求步骤清晰,符合学生认知规律,可读性强。

"零件钳工加工"的理论课时为 12 学时,参考教学课时见下面的学时分配表。

项目/任务	总学时
学习任务 1　骰子的制作	30
学习任务 2　羊角缝锤子的制作	45
学习任务 3　五角合套的制作	45
学习任务 4　刀口直尺的制作	30
合　　计	150

1

另外，本书针对有能力的同学，后面增加了两个选学学习任务。

本书由中山市技师学院杨彩红、肖春友、谭永林任主编；中山市技师学院陈志成，贵阳电子科技职业学院佘高红、熊邦凤任副主编。

由于编者水平有限，书中难免存在疏漏和不妥之处，恳切希望广大读者批评指正。

编　者
2017 年 3 月

目录

1

以下为选学内容：

学习任务 **1**
骰子的制作

 学习目标

- 能说出钳工工作特点及主要任务。
- 能说出钳工场地的设备名称,并严格遵守钳工场地安全操作规章制度。
- 能按要求规范穿戴劳保用品。
- 能看懂图样,能根据毛坯分析出所需去除的余量。
- 能正确选用并使用合适的划线工具和辅具。
- 能根据加工材料、加工条件选用锉刀,并能正确使用锉削工具去除多余材料。
- 能正确使用游标卡尺、刀口直尺、刀口角尺对加工零件进行检测。
- 能对所使用的量具按要求进行日常保养。
- 能根据检测结果与图样进行比较,判别零件是否合格。
- 能培养学生踏实严谨、精益求精的治学态度。
- 能培养学生爱岗敬业、团结协作的工作作风。
- 能培养学生与人沟通的能力。
- 能遵守实训室"7S"管理规定,做到安全文明生产。
- 能写出工作总结并进行作品展示。
- 能按环保要求处理废弃物。

 建议课时

30 学时。

 学习地点

钳工实训一体化教室。

工作情境描述

某人在休闲中发现缺少骰子,根据实际需要,他设计了骰子的零件图,如图1.1所示。考虑只是单件生产,所以采用钳加工的方法来完成。现在把任务安排给你,试通过手工操作来完成该骰子的制作。

零件图

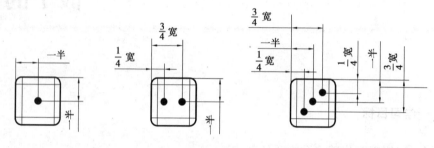

图1.1 骰子

技术要求:
①材料:45钢。
②为防止生锈用砂纸打磨。

模型图

工作流程与活动

在接受工作任务后,应首先了解工作场地的环境、设备管理要求,穿着符合劳保要求的服装。在老师的指导下,读懂图纸,分析出加工工艺步骤,正确使用工量具,按图样要求,采用划线、锉削、孔加工、抛光以及简单的热处理等加工方法,使用游标卡尺、角尺、直尺进行检测,独立完成骰子制作,并能按现场管理规范要求清理场地,归置物品,按环保要求处理废弃物。

◆ 学习活动1.1 钳工认知(6学时)
◆ 学习活动1.2 写出骰子加工工艺步骤(2学时)
◆ 学习活动1.3 骰子划线(1学时)
◆ 学习活动1.4 锉削骰子表面成形、骰子表面打点(17学时)

◆　学习活动 1.5　工作总结、成果展示、经验交流(4 学时)

学习活动 1.1　钳工认知

学习目标

- 能指出钳工场地的设备名称及安全操作规章制度。
- 能严格遵守安全规章制度,按要求规范穿戴劳保用品。
- 能写出钳工工作性质、内容及主要任务。
- 能说出"7S"管理规范的主要内容。
- 会自评与互评

建议学时

6 学时。

知识链接

1.1.1　钳工工作的基本内容

钳工工作的基本内容有划线、錾削、锯削、锉削、钻孔、扩孔、锪孔、铰孔、攻螺纹与套螺纹、矫正与弯曲、铆接、刮削、研磨、技术测量、简单的热处理等,并能对部件或机器进行装配、调试、维修等。

1.1.2　钳工常用设备

(1)钳台

1)钳台的用途

钳台也称钳工台或钳桌,用木材或钢材制成。其式样可根据要求和条件决定。它的主要作用是安装台虎钳。

2)钳台长、宽、高尺寸的确定

钳台台面一般是长方形,长、宽尺寸由工作需要决定,高度一般以 800～900 mm 为宜,以便安装上台虎钳后,让钳口的高度与一般操作者的手肘平齐,使操作方便省力。

(2)台虎钳

1)台虎钳的用途、规格类型

①用途:台虎钳是专门夹持工件的。

②规格:台虎钳的规格是指钳口的宽度,常用的有 100,125,150 mm 等。

③类型:类型有固定式和回转式两种。

2)回转式台虎钳的工作原理

回转式台虎钳的钳身可相对于底座回转,能满足不同方位的加工需要,使用方便,应用广泛。

3）使用台虎钳的注意事项

①夹紧工件时，松紧要适当，只能用手力拧紧，而不能借用助力工具加力。一是防止丝杠与螺母及钳身受损坏，二是防止夹坏工件表面。

②强力作业时，力的方向应朝固定钳身，以免增加活动钳身和丝杠、螺母的负载，影响其使用寿命。

③不能在活动钳身的光滑平面上敲击作业，以防止破坏它与固定钳身的配合性。

④对丝杠、螺母等活动表面，应经常清洁、润滑，以防止生锈。

（3）砂轮机

1）砂轮机的用途

磨削各种刀具或工具。

2）砂轮机使用时的注意事项

①砂轮机的旋转方向要正确。

②砂轮启动后，应等砂轮旋转平稳后再开始磨削。若发现砂轮跳动明显，应及时停机休整。

③砂轮机的搁架与砂轮之间的距离应保持在 3 mm 以内，以防止磨削件轧人，造成事故。

④磨削过程中，操作者应站在砂轮的侧面或斜对面，而不要站在正对面。

（4）钻床

1）钻床的用途

钻床是加工孔的设备。

2）钳工常用钻床的种类

①台式钻床

台式钻床是一种小型钻床，一般用来钻直径为 13 mm 以下的孔。台式钻床的规格是指所钻孔的最大直径，常用的有 6,12 mm 等规格。

②立式钻床

立式钻床一般用来钻中小型工件上的孔。其规格有 25,35,40,50 mm 等。

③摇臂钻床

摇臂钻床用于大工件及多孔工件的钻孔，除了钻孔外还能扩孔、锪平面、锪孔、铰孔、镗孔、套切大圆孔及攻螺纹等。

 学习准备

工艺步骤文件、教材、视频。

 学习过程

1. 在进入工作场地前，需要穿戴好劳保用品，仔细观察图 1.2，指出着装有无问题，并说出应如何合理着装。

图 1.2（a）问题：

图 1.2（b）问题：

图 1.2（c）问题：

（a）　　　　　　　（b）　　　　　　　（c）

图 1.2　着装演示

如何合理着装?

2. 在工作场地中,经常会发现一些现场管理规章制度和设备操作规程,在参观的过程中把这些制度抄录下来。

(1)钳工工作场地管理规章制度。

(2)钻床操作规程。

(3)砂轮操作规程。

3. 表 1.1 列出了钳工主要设备的一些图例,通过参观、观看相关视频及查阅资料,写出它们的名称及用途。

表 1.1　钳工主要设备、规格、用途表

图　例	设备名称	规　格	用　途	备　注

续表

图 例	设备名称	规 格	用 途	备 注

4.钳工是机械制造业中常见的一个工种。通过视频学习和查阅资料,回答下列问题:

(1)钳工的定义:钳工大多是以_____在_____进行操作。

(2)钳工有_____、_____、_____等。

(3)钳工有哪些任务?

5.钳工是手工操作的一个工种,它的操作内容较多。表1.2中是常见的一些操作,通过观看视频了解其操作方法的要点及对应的主要工具。

表1.2　钳工常见操作要点和主要工具

图 例	操作方法的要点	主要工具

续表

图　例	操作方法的要点	主要工具

6. 查阅资料,写出"7S"管理规范的含义和目的。

整理(Seiri):

整顿(Seiton):

清扫(Seiso):

清洁(Seiketsu):

素养(Shitsuke):

安全(Safety):

节约(Save):

7. 查阅资料,分组讨论。

随着机械工业的日益发展,许多繁重的手动加工工作已被机械加工所代替,是否意味着钳工已经没有存在的价值? 查阅相关资料,了解并讨论钳工在机械制造业中的地位及发展趋势,填写表1.3。

表1.3

时 间		主 题	钳工在机械制造中的地位和作用
主持人		成 员	
讨论过程			
结 论			
个人职业规划			

 评价与分析

活动过程评价表

班 级		姓 名		学 号		日 期	
序 号	评价要点			分 数	得 分		总 评
1	能说出钳工场地要求			15			
2	能说出钳工常用设备安全使用规程			10			
3	工作服穿戴整齐,符合着装要求			10			
4	能说出钳工操作内容			40			
5	能与同学们团结合作、能说出"7S"管理内容			10			
6	能遵守时间,做到不迟到、不早退,中途不离开实训现场			5			
7	语言表达能力			5			
8	能及时完成任务			5			
小结建议							

学习活动 1.2 写出骰子加工工艺步骤

 学习目标

- 能说出骰子加工的操作内容。
- 能写出骰子加工工艺步骤。
- 会自评与互评。

 建议学时

2 学时。

 知识链接

（1）工序

一个（或一组）工人，在一个固定的工作地点（一台机床或一个钳工台），对一个（或同时对几个）工件所连续完成的那部分工艺过程，称为工序。它是工艺过程的基本单元，又是生产计划和成本核算的基本单元。工序的安排组成与零件的生产批量有关（单件小批，大批大量）。

（2）安装

工件在加工前，在机床或夹具中相对刀具应有一个正确的位置并给予固定，这个过程称为装夹。一次装夹所完成的那部分加工过程称为安装。安装是工序的一部分。在同一工序中，安装次数应尽量少，既可提高生产效率，又可减少由于多次安装带来的加工误差。

（3）工位

为减少工序中的装夹次数，常采用回转工作台或回转夹具，使工件在一次安装中，可先后在机床上占有不同的位置进行连续加工，每一个位置所完成的那部分工序，称一个工位。工艺过程组成采用多工位加工，可提高生产率和保证被加工表面间的相互位置精度。

（4）工步

工步是工序的组成单位。在被加工的表面，切削用量（是指切削速度、背吃刀量和进给量），切削刀具均保持不变的情况下所完成的那部分工序，称工步。当其中有一个因素变化时，则为另一个工步。当同时对一个零件的几个表面进行加工时，则为复合工步。划分工步的目的是便于分析和描述比较复杂的工序，更好地组织生产和计算工时。

 学习准备

钻床安全操作规程、场地安全规章制度、相关视频、工作服、工作帽、教材、工艺步骤。

 学习过程

1.通过观看骰子图形，说出加工过程中采用了哪些机械加工方法？

2. 如图 1.3 所示为骰子制作的步骤。请查阅相关资料,解释相关名词术语。

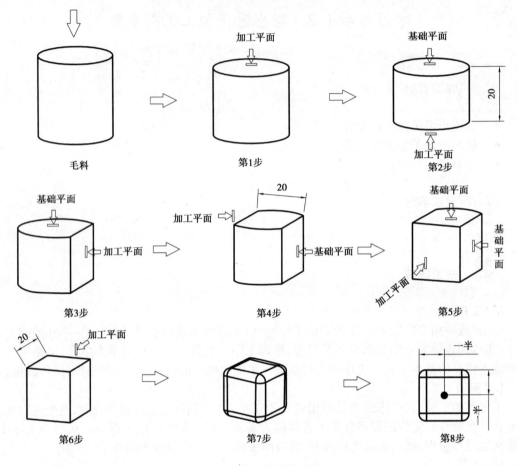

图 1.3 骰子的制作过程

(1)工序

(2)工位

(3)工步

3. 分析骰子加工过程中包含哪几个工序,并说出划分工序的依据是什么。

4. 小组讨论,并填写表 1.4 骰子加工工艺步骤。

表 1.4 骰子加工工艺步骤

骰子加工工艺步骤				
工 序	工 步	操作内容	精度要求	主要工量具

 评价与分析

活动过程评价表

班 级		姓 名		学 号		日 期		
序 号	评价要点				分 数	得 分	总 评	
1	能说出骰子加工的操作内容				15			
2	能说出工序、工步、工位的含义				10			
3	能说出划分工序的依据				10			
4	能说出骰子加工工艺步骤				40			
5	能与同学们团结合作				10			
6	能遵守时间,做到不迟到、不早退,中途不离开实训现场				5			
7	语言表达能力				5			
8	能及时完成任务				5			
小结建议								

学习活动 1.3　骰子划线

学习目标

- 能合理选择划线基准。
- 能掌握常用划线工具的使用方法。
- 能对骰子准确划线。
- 会自评与互评。

建议学时

1 学时。

知识链接

1.3.1　划线的概念

根据图样或技术文件要求,在毛坯或半成品上用划线工具划出加工界线或作为找正检查的辅助线,这种操作就称为划线。

(1)平面划线

只在某一表面内划线。

(2)立体划线

在工件的不同表面内划线。

(3)划线的作用

确定工件的加工余量;便于复杂的工件在机床上定位;能及时发现和处理不合格的毛坯;采用借料划线可使误差不大的毛坯得到补救。

(4)划线的要求

线条清晰均匀,定形、定位尺寸准确。

(5)注意事项

不能依靠划线直接确定加工时的最后尺寸。

1.3.2　划线工具

(1)划线平台

其作用是:安放工件和划线工具,并完成划线过程。

(2)划针

其作用是:直接在工件上划线。

正确使用的方法如下:

①一手压紧导向工具一手使针尖靠紧导向工具的边缘,使针尖上部向外倾斜 15°～20°,同时向划针前进的方向斜 45°～75°。

②划线时,用力大小要均匀、适宜。

(3)划规

其作用是:划圆和圆弧等分线段,量取尺寸。

正确使用的方法如下:

①使用前应将其脚尖磨锋利。

②除长划规外,应使划规的两脚长短一致,两脚尖能合紧,划弧时重心放在圆心的一脚。

③两脚尖应在同一平面内。

(4)划线盘

其作用是:直接划线或找正工件位置。

正确使用的方法如下:

①使划针基本处于水平位置,划针伸出端应尽量短。

②划针的夹紧要可靠。

③使盘底始终贴紧平台移动。

④移动的方向与划线表面成 75°左右。

(5)钢尺

钢尺是简单的测量工具和划直线的导向工具。

(6)高度游标卡尺

高度游标卡尺是精确的量具和划线工具。使用时,应使量爪垂直于工件一次划出。

(7)90°角尺

应用很广。

(8)样冲

其作用是:保持划线标记。

正确使用的方法如下:

①冲眼时,将样冲斜着放置在划线上锤击时再竖直。

②样冲眼应打在线宽的正中间,且间距要均匀。

③冲眼的深浅要适当。

1.3.3　基准的概念

基准是用来确定生产对象上各几何要素的尺寸大小和位置关系所依据的一些点、线、面。

(1)设计基准

在设计图样上,采用的基准为设计基准。

(2)划线基准

在工件划线时所选用的基准称为划线基准。

基准的确定要综合的考虑工件的整个加工过程及各个工序之间所使用的检验手段。划线作为加工中的第一道工序,在选用划线基准时,应尽可能地使划线基准与设计基准一致,这样可避免相应的尺寸换算,减少加工过程中的基准不重合误差。

平面划线时,通常要选择两个相互垂直的划线基准;立体划线时,通常要确定 3 个相互垂直的划线基准。

划线基准一般有以下3种类型：

①以两个相互垂直的平面或直线为基准（见图1.4）。

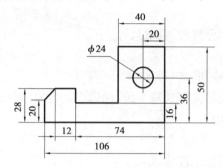

图1.4　以两个相互垂直的平面或直线为基准

②以一个平面或直线和一个对称平面或直线为基准（见图1.5）。

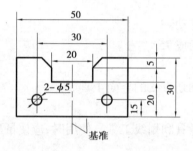

图1.5　以一个平面或直线和一个对称平面或直线为基准

③以两个互相垂直的中心平面或直线为基准（见图1.6）。

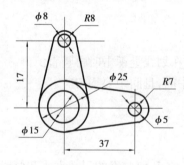

图1.6　以两个互相垂直的中心平面或直线为基准

注意：

一个工件有很多线条要划，究竟从哪一根开始，常要遵守从基准开始的原则，即使得设计基准和划线基准重合，否则将会使划线误差增大，尺寸换算麻烦，有时甚至使划线产生困难，工作效率降低。正确地选择划线基准，可提高划线的质量和效率，并相应提高毛坯的合格率。

当工件上已有加工面（平面或孔）时，应以已加工的面为划线基准。若毛坯上没有已加工面，首次划线应选择最主要的（或大的）不加工面为划线基准（称为粗基准），但该基准只能使用一次，在下次划线时，必须用已加工面作划线基准。

学习准备

划线工具、工件材料。

 学习过程

1. 划线是机械加工的一个重要工序,看资讯及相应资料回答划线的种类是_____和_____。划线的作用是_____,划线要求_____。

2. 将 $\phi 30 \times 24$ 的坯料加工成正方体,首先定出划线基准。

3. 划线基准选取的原则是(   )。

    A. 确定工件加工表面的加工余量和位置

    B. 检查毛坯的形状、尺寸是否符合图纸要求

    C. 合理分配各加工面的余量

4. 查阅相关资料,回答划线工具的名称,并填写表1.5划线工具的功能特点。

表 1.5　划线工具的功能特点

示意图	功能特点
10°~20°　划线方向 15°~20°　45°~75° （ ）（ ）	
（ ）（ ）（ ）	
（ ）	

续表

示意图	功能特点
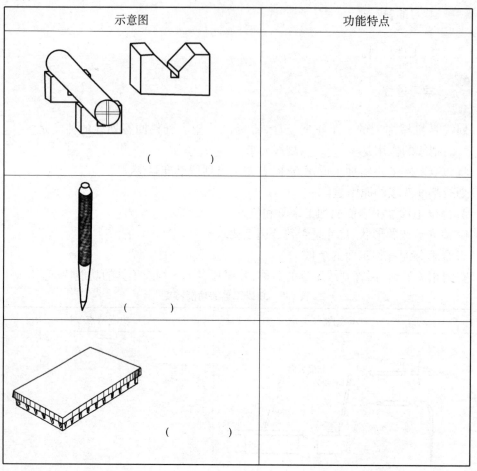 (　　　　)	
(　　　)	
(　　　　)	

5.分组讨论划线的步骤。

 评价与分析

活动过程评价表

班　级		姓　名		学　号		日　期	
序　号		评价要点		分　数	得　分		总　评
1		能说出划线的种类、要求和作用		10			
2		能说出什么是划线基准及选择的依据		15			
3		能说出划线工具的名称及使用方法		10			
4		能说出划线步骤,能争取使用划线工具,使划出的线条清晰、准确		40			
5		能与同学们团结合作		10			

续表

序　号	评价要点	分　数	得　分	总　评
6	能遵守时间,做到不迟到、不早退,中途不离开实训现场	5		
7	语言表达能力	5		
8	能及时完成任务	5		
小结建议				

学习活动1.4　锉削骰子表面成形、骰子表面打点

 学习目标

- 能根据加工材料、加工条件选用锉刀。
- 能正确使用锉削工具去除多余材料。
- 能正确使用测量工具进行测量。
- 能对所使用的量具按要求进行日常保养。
- 会自评与互评。

 建议学时

18学时。

 知识链接

1.4.1　锉刀

(1)锉削的定义

用锉刀对工件进行切削加工,使工件达到所要求的尺寸、形状和表面粗糙度,这种加工方法称为锉削。

(2)锉刀的材料

常用的材料为碳素工具钢T12,T12A,T13A,淬火后硬度可达62HRC以上。

（3）锉刀的选择

1）选择锉齿的粗细

根据工件的加工余量、尺寸精度、表面粗糙度和材质决定。加工余量大、加工精度低、表面粗糙度大的工件选择粗齿锉。加工余量小、加工精度高、表面粗糙度小的工件选择细齿锉。材质软，选粗齿锉刀，反之选细齿锉刀。

有色金属：单齿纹、粗齿锉刀，防止切屑堵塞。

钢铁：双齿纹锉刀，便于断屑、容屑。

2）选择锉刀的截面形状

根据工件表面的形状决定锉刀的断面形状。

3）选择锉刀的规格

根据加工表面的大小及加工余量的大小来决定，为保证锉削效率，应合理使用锉刀。一般大的表面和大的加工余量宜用长的锉刀；反之，则用短的锉刀。

（4）钳工锉手柄的装卸

1）装法

刀舌自然插入刀柄的孔中，然后用右手把手柄轻轻镦紧，或用手锤轻轻击打直至插入锉柄的长度为 3/4 为止。

2）拆卸

刀柄轻轻敲击台虎钳即可。

（5）锉刀的正确使用和保养

为防止锉刀过快地磨损，不要用锉刀锉削毛坯件的硬皮或工件的淬硬表面，而应先用其他工具或用锉刀的前端、边齿加工。锉削时，应先用锉刀的一面，待这个面用钝后再用另外一面，因使用过的锉齿易锈蚀。锉削时，要充分地利用锉刀的有效工作面，避免局部磨损。不能用锉刀作为装拆、敲击和撬物的工具，防止因锉刀材质较脆而折断。用整形锉和小锉时，用力不能太大，防止把锉刀折断。锉刀要防水防油。沾水后，锉刀易生锈。沾油后，锉刀在工作时易打滑。锉削过程中，若发现锉纹上嵌有切屑，要及时将其除去，以免切屑刮伤加工表面。锉刀用完后，要用锉刷或铜片顺着锉纹刷掉残留下的切屑，以防生锈。千万不能用嘴吹切屑，以防止切屑飞入眼内。放置锉刀时，要避免与硬物相碰，避免锉刀与锉刀重叠堆放，防止损坏锉刀。

1.4.2　测量概述

（1）量具的类型

1）万能量具

这类量具一般都有刻度，在测量范围内可测量零件和产品形状及尺寸的具体数值，如游标卡尺、千分尺、指示表及游标万能角度尺等。

2）专用量具

这类量具不能测量出实际尺寸，只能测定零件和产品的形状及尺寸是否合格，如卡规、塞规等。

3）标准量具

这类量具只能制成某一固定尺寸，通常用来校对和调整其他量具，也可作为标准与被测量件进行比较，如量块等。

（2）长度单位基准

长度单位基准见表1.6。

表 1.6　长度单位基准

单位名称	符　号	对基准单位的比
米	m	基准单位
分米	dm	$1\ dm=10^{-1}m(0.1\ m)$
厘米	cm	$1\ cm=10^{-2}m(0.01\ m)$
毫米	mm	$1\ mm=10^{-3}m(0.001\ m)$
丝米	dmm	$1\ dmm=10^{-4}m(0.000\ 1\ m)$
忽米	cmm	$1\ cmm=10^{-5}m(0.000\ 01\ m)$
微米	μm	$1\ μm=10^{-6}m(0.000\ 001\ m)$

（3）游标卡尺

1）0.05 mm 游标卡尺

①读出游标上零线左面尺身的毫米整数。

②读出游标上哪一条刻线与尺身刻线对齐（第一条零线不算，第二条起每格算 0.05 mm）。

③把尺身和游标上的尺寸加起来，即为测得尺寸。

2）0.02 mm 游标卡尺

0.02 mm 游标卡尺测量时的读数方法与 0.05 mm 游标卡尺相同。

注意：游标卡尺的最大允许误差 0.05 游标卡尺为 ± 0.05 mm，0.02 游标卡尺为 ±0.02 mm。

（4）游标万能角度尺

①游标万能角度尺的结构：尺身、扇形板、游标、支架、直角尺、直尺。

②游标万能角度尺的刻线原理及读数方法：从尺身上读出游标零线前的整度数，再从游标上读出角度分的数值，两者相加就是被测的角度值。

③游标万能角度尺的测量范围为 0°～320°。

 学习准备

锉刀、游标卡尺、高度游标卡尺、资讯材料。

 学习过程

1. 锉刀按用途分为_____、_____和_____ 3 类。

2. 锉削骰子的成形表面，应选用_____锉刀。

3. 平面锉削的方法及姿势：

4. 圆角的锉削加工方法：

5. 骰子表面打样冲眼：

6. 查阅资料，小组讨论。

要达到图样要求，需采用合适的量具进行正确测量。常用的量具按其用途和特点，可分为_____量具、_____量具和_____量具3种类型。3类量具的主要区别是：_____

7. 使用游标卡尺检测工件。

(1)查阅相关资料，写出游标卡尺的刻线原理及读数方法。

刻线原理：

读数方法：

(2)分析图1.7中游标卡尺的使用是否正确。

(a)

(b)

图1.7　游标卡尺测量

（3）如图 1.8 所示为实际加工中检测出的读数,正确读取数值并填写在横线上,再分析其读数精度。

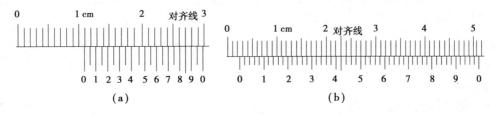

图 1.8　游标卡尺读数

图 1.8(a)读数:＿＿＿＿＿＿＿＿＿,读数精度:＿＿＿＿＿＿＿＿＿;

图 1.8(b)读数:＿＿＿＿＿＿＿＿＿,读数精度:＿＿＿＿＿＿＿＿＿。

(4)骰子工件上,需要用游标卡尺测量的要素及具体尺寸有哪些?

8.查阅相关资料,列出常用量具维护与保养中应注意的问题。

 评价与分析

活动过程评价表

班　级		姓　名		学　号		日　期	
序　号	评价要点			分　数		得　分	总　评
1	能说出锉刀的种类及应用			10			
2	能说出锉刀的选用原则			15			
3	锉削姿势正确			40			
4	能正确使用量具			10			
5	正确使用样冲			10			
6	能遵守时间,做到不迟到、不早退,中途不离开实训现场			5			
7	语言表达能力			5			
8	能及时完成任务			5			
小结建议							

学习活动 1.5　工作总结、成果展示、经验交流

 学习目标

- 能正确规范撰写总结。
- 能采用多种形式进行成果展示。
- 能有效进行工作反馈与经验交流。

 建议学时

3 学时。

 学习准备

课件、展示工件。

 学习过程

1.查阅相关资料,写出工作总结的组成要素。

2.写出成果展示方案。

3.写出工作总结和评价。

评价与分析

活动过程自评表

班　级		姓　名		学　号		日　期	年　月　日		
评价指标	评价要素				权　重	A	B	C	D
信息检索	能有效利用网络资源、工作手册查找有效信息				5%				
	能用自己的语言有条理地去解释、表述所学知识				5%				
	能将查找到的信息有效转换到工作中				5%				
感知工作	是否熟悉工作岗位,认同工作价值				5%				
	在工作中,是否获得满足感				5%				
参与状态	与教师、同学之间是否相互尊重、理解、平等				5%				
	与教师、同学之间是否能够保持多向、丰富、适宜的信息交流				5%				
	探究学习,自主学习不流于形式,处理好合作学习和独立思考的关系,做到有效学习				5%				
	能提出有意义的问题或能发表个人见解;能按要求正确操作;能够倾听、协作、分享				5%				
	积极参与,在产品加工过程中不断学习,提高综合运用信息技术的能力				5%				
学习方法	工作计划、操作技能是否符合规范要求				5%				
	是否获得了进一步发展的能力				5%				
工作过程	遵守管理规程,操作过程符合现场管理要求				5%				
	平时上课的出勤情况和每天完成工作任务情况				5%				
	善于多角度思考问题,能主动发现、提出有价值的问题				5%				
思维状态	是否能发现问题、提出问题、分析问题、解决问题、创新问题				5%				

续表

评价指标	评价要素	权 重	A	B	C	D
自评反馈	按时按质完成工作任务	5%				
	较好地掌握了专业知识点	5%				
	具有较强的信息分析能力和理解能力	5%				
	具有较为全面、严谨的思维能力,并能条理明晰地表述成文	5%				
自评等级						
有益的经验和做法						
总结反思建议						

等级评定:A:好 B:较好 C:一般 D:有待提高

活动过程评价互评表

班 级		姓 名		学 号		日 期		年 月 日	
评价指标	评价要素		权 重	A		B	C		D
信息检索	能有效利用网络资源、工作手册查找有效信息		5%						
	能用自己的语言有条理地去解释、表述所学知识		5%						
	能将查找到的信息有效转换到工作中		5%						
感知工作	是否熟悉工作岗位,认同工作价值		5%						
	在工作中,是否获得满足感		5%						
参与状态	与教师、同学之间是否相互尊重、理解、平等		5%						
	与教师、同学之间是否能够保持多向、丰富、适宜的信息交流		5%						
	能处理好合作学习和独立思考的关系,做到有效学习		5%						
	能提出有意义的问题或能发表个人见解;能按要求正确操作;能够倾听、协作、分享		5%						
	积极参与,在产品加工过程中不断学习,综合运用信息技术的能力提高很大		5%						

续表

评价指标	评价要素	权重	A	B	C	D
学习方法	工作计划、操作技能是否符合规范要求	10%				
	是否获得了进一步发展的能力	5%				
工作过程	是否遵守管理规程,操作过程符合现场管理要求	10%				
	平时上课的出勤情况和每天完成工作任务情况	5%				
	是否善于多角度思考问题,能主动发现、提出有价值的问题	5%				
思维状态	是否能发现问题、提出问题、分析问题、解决问题、创新问题	5%				
工作过程	能严肃、认真地对待互评	10%				
互评等级						
简要评述						

等级评定:A:好 B:较好 C:一般 D:有待提高

活动过程教师评价表

班　级		姓　名		学　号		权　重	评　价
知识策略	知识吸收	能设法记住要学习的内容				3%	
		使用多样性手段,通过网络、技术手册等收集到较多有效信息				3%	
	知识构建	自觉寻求不同工作任务之间的内在联系				3%	
	知识应用	将学习到的内容应用到解决实际问题中				3%	
工作策略	兴趣取向	对课程本身感兴趣,熟悉自己的工作岗位,认同工作价值				3%	
	成就取向	学习的目的是获得高水平的成绩				3%	
	批判性思考	谈到或听到一个推论或结论时,会考虑其他可能的答案				3%	
管理策略	自我管理	若不能很好地理解学习内容,会设法找到该任务相关的其他资讯				3%	

续表

班 级			姓 名		学 号		权 重	评 价
管理策略	过程管理		正确回答材料和教师提出的问题				3%	
			能根据提供的材料、工作页和教师指导进行有效学习				3%	
			针对工作任务,能反复查找资料、反复研讨,编制有效工作计划				3%	
			在工作过程中,留有研讨记录				3%	
			团队合作中,主动承担完成任务				3%	
	时间管理		有效组织学习时间和按时按质完成工作任务				3%	
	结果管理		在学习过程中有满足、成功与喜悦等体验,对后续学习更有信心				3%	
			根据研讨内容,对讨论知识、步骤、方法进行合理的修改和应用				3%	
			课后能积极有效地进行学习的自我反思,总结学习的长短之处				3%	
			规范撰写工作小结,能进行经验交流与工作反馈				3%	
过程状态	交往状态		与教师、同学之间交流语言得体,彬彬有礼				3%	
			与教师、同学之间保持多向、丰富、适宜的信息交流和合作				3%	
	思维状态		能用自己的语言有条理地去解释、表述所学知识				3%	
			善于多角度思考问题,能主动提出有价值的问题				3%	
	情绪状态		能自我调控好学习情绪,能随着教学进程或解决问题的全过程而产生不同的情绪变化				3%	
	生成状态		能总结当堂学习所得,或提出深层次的问题				3%	
	组内合作状态		分工及任务目标明确,并能积极组织或参与小组工作				3%	
			积极参与小组讨论并能充分地表达自己的思想或意见				3%	
	组际总结过程		能采取多种形式,展示本小组的工作成果,并进行交流反馈				3%	
			对其他组学生提出的疑问能做出积极有效的解释				3%	
			认真听取其他组的汇报发言,并能大胆质疑或提出不同意见或更深层次的问题				3%	
	工作总结		规范撰写工作总结				3%	
综合评价			按照"活动过程评价自评表",严肃、认真地对待自评				5%	
			按照"活动过程评价互评表",严肃、认真地对待互评				5%	
总评等级								
					评定人:	年 月 日		

等级评定:A:好 B:较好 C:一般 D:有待提高

 制件评价

一、展示评价

把个人制作好的制件先进行分组展示,再由小组推荐代表作必要的介绍。在展示的过程中,以组为单位进行评价;评价完成后,根据其他组成员对本组展示成果的评价意见进行归纳、总结。主要评价项目如下:

1.展示的产品是否符合技术标准?

合格□　　　　　　　不良□　　　　　　返修□　　　　　　　报废□

2.与其他组相比,本小组的产品工艺是否合理?

工艺优化□　　　　　工艺合理□　　　　工艺一般□

3.本小组介绍成果时,表达是否清晰、合理?

很好□　　　　　　　一般,需要补充□　　不清晰□

4.本小组演示产品检测方法时,操作是否正确?

正确□　　　　　　　部分正确□　　　　不正确□

5.本小组演示操作时,是否遵循了"7S"的工作要求?

符合工作要求□　　　忽略了部分要求□　　完全没有遵循□

6.本小组的成员团队创新精神如何?

良好□　　　　　　　一般□　　　　　　不足□

7.总结这次任务,本组是否达到学习目标? 你给予本组的评分是多少? 对本组的建议是什么?

学生:　　　　　年　　月　　日

二、教师对展示的作品分别作评价

1.针对展示过程中各组的优点进行点评。

2.针对展示过程中各组的缺点进行点评,提出改进方法。

3.总结整个任务完成中出现的亮点和不足。

三、综合评价

指导教师:　　　　　　　　　　　　　　　　年　　月　　日

学习任务 2
羊角缝锤子的制作

学习目标

- 能看懂图样,并根据毛坯分析、计算出所需去除的余量。
- 能查阅相关资料,解释常用材料牌号的含义。
- 能读懂加工工艺步骤,并用专业术语进行交流。
- 能正确选用并使用合适的划线工具和辅具。
- 能根据加工材料、加工条件选用锯条,并能正确安装、使用锯削工具去除多余材料。
- 能根据加工要求合理选择麻花钻,并能安全操作钻床,完成孔加工。
- 能根据检测结果与图样进行比较,判别零件是否合格。
- 能根据现场管理规范要求,清理场地,归置物品。
- 能培养学生与人沟通的能力。
- 能遵守实训室"7S"管理规定,做到安全文明生产。
- 能写出工作总结并进行作品展示。
- 能按环保要求处理废弃物。

建议学时

45 学时。

学习地点

钳工实训一体化教室。

工作情境描述

现实习车间需扩大钳工实训场地规模,要求钳工组完成生产 10 件羊角缝小锤子的任务,图样已交予钳工组(见图 2.1),工期为 1 周半,自己下料加工,产品经检验合格后交付使用。

零件图

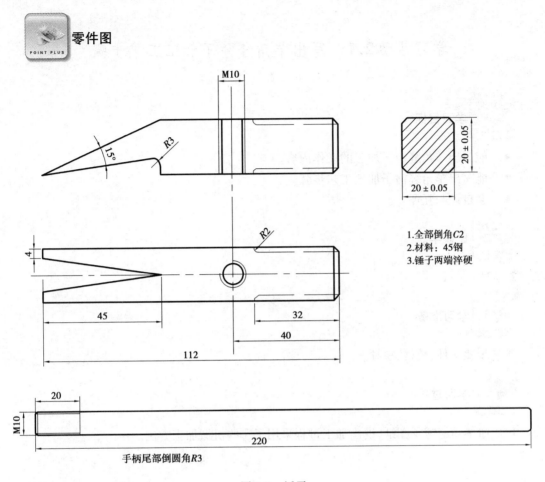

M10

20 ± 0.05

20 ± 0.05

15°

R3

R2

4

45

32

40

112

20

M10

220

手柄尾部倒圆角R3

1.全部倒角C2
2.材料：45钢
3.锤子两端淬硬

图 2.1　锤子

工作流程与活动

在接受工作任务后,应首先了解工作场地的环境、设备管理要求,穿着符合劳保要求的服装。在老师的指导下,读懂图纸,分析出加工工艺步骤,正确使用工量具,按图样要求,采用划线、锉削、打样冲眼、抛光以及简单的热处理等加工方法。使用游标卡尺、角尺、直尺进行检测,独立完成羊角缝锤子的制作,并能按现场管理规范要求清理场地,归置物品,按环保要求处理废弃物。

◆　学习活动 2.1　写出羊角缝锤子加工工艺步骤(2 学时)
◆　学习活动 2.2　锯去锤子表面多余材料(12 学时)
◆　学习活动 2.3　锉削锤子表面并成形(17 学时)
◆　学习活动 2.4　加工锤子手柄并加工锤子头螺纹孔(10 学时)
◆　学习活动 2.5　工作总结、成果展示、经验交流(4 学时)

学习活动 2.1　写出羊角缝锤子加工工艺步骤

学习目标

- 能说出羊角缝锤子加工的操作内容。
- 能写出羊角缝锤子加工工艺步骤。
- 会自评与互评。

建议学时

2 学时。

学习准备

工艺步骤文件、教材、视频。

学习过程

1. 看懂羊角缝锤子图纸,说出加工过程采用了哪些机械加工方法。

2. 查阅相关资料,说出羊角缝锤子制作的步骤。

3. 分析羊角缝锤子加工过程中包含哪几个工序,并说出划分工序的依据是什么。

4. 小组讨论,并填写表 2.1 羊角缝锤子加工工艺步骤。

表 2.1　羊角缝锤子加工工艺步骤

工　序	工　步	操作内容	精度要求	主要工量具

 **评价与分析**

活动过程评价表

班　级		姓　名		学　号		日　期	
序　号		评价要点			分　数	得　分	总　评
1		能说出钳工场地要求			15		
2		能说出钳工常用设备安全使用规程			10		
3		工作服穿戴整齐,符合着装要求			10		
4		能说出钳工操作内容			40		
5		能与同学们团结合作、能说出"7S"管理内容			10		
6		能遵守时间,做到不迟到、不早退,中途不离开实训现场			5		
7		语言表达能力			5		
8		能及时完成任务			5		
小结建议							

学习活动 2.2　锯去锤子表面多余材料

 学习目标

- 能够根据加工材料、加工条件,正确选用锯条。
- 能正确安装锯条。
- 使用锯削工具去除多余材料。
- 会自评与互评。

 建议学时

12 学时。

知识链接

2.2.1 锯削的定义

用手锯对材料或工件进行分割或锯槽等加工的方法,称为锯削。

2.2.2 锯削的工作范围

适用于较小材料或工件的加工。

①将材料锯断。

②锯掉工件上的多余部分。

③在工件上锯槽。

2.2.3 手锯的组成

手锯由锯弓和锯条组成。

(1)锯弓

1)用途

张紧锯条。

2)类型

①固定式:弓架是整体的只能安装一种长度的锯条。

②可调式:弓架分为两个部分,长度可以调节,能安装几种长度的锯条,夹头上的销子插入锯条的安装孔后,可通过旋转翼形螺母来调节锯条的张紧程度。

(2)锯条

1)用途

直接锯削材料或工件的刃具。

2)规格

以两端孔的中心距来表示,常用规格为 300 mm。

(3)锯路

1)定义

在制造锯条时所有的锯齿按照一定的规则左右错开排成一定的形状,称为锯路。

2)形状

交叉形、波浪形。

3)作用

锯路的形成,能使锯缝的宽度大于锯条背部的厚度,使得锯条在锯割时不会被锯缝夹住,以减少锯缝与锯条之间的摩擦,减轻锯条的发热与磨损,延长锯条的使用寿命,提高锯削的效率。

4)锯齿的粗细及其选择

锯齿的粗细用锯条上每 25 mm 长度内的齿数来表示。常用的有 14,18,24,32 等。齿数越多,锯齿就越细。

锯齿粗细的选择应根据材料的硬度和厚度来确定,以使锯削工作既省力又经济。

①粗齿锯条

适用于锯软材料和较大表面的材料,因为在这种情况下每一次推锯都会产生较多的切屑,这就要求锯条有较大的容屑槽,以防止产生堵塞现象。

②细齿锯条

适用于锯硬材料及管子或薄壁材料。对于硬材料,一方面由于锯齿不易切入材料,切屑少不需要大的容屑槽;另一方面由于细齿锯条的锯齿较密,能使更多的齿同时参加切削,使得每一个齿的切削量小,容易实现切削。对于薄壁或管子,主要是为了防止锯齿被勾住甚至使锯条折断。

2.2.4　锯条的安装

(1)安装方向

齿尖朝前。由于手锯在向前推进时进行切削,回程时不起切削作用,故安装时锯齿的切削方向应朝前。

(2)安装松紧

由翼形螺母调节。太松:锯条易扭曲折断,锯缝易歪斜;太紧:预拉伸力太大,稍有阻力易崩断安装位置。锯弓与锯条尽量保持在同一中心面内。

2.2.5　工件的夹持

①工件夹在台虎钳的左侧。

②伸出台虎钳的部分不应太长(20 mm 左右)。

③锯缝与钳口保持平行。

④工件要夹紧,同时避免夹坏工件。

2.2.6　锯削要领

(1)手锯的握法

右手握柄,左手扶住锯弓前端。

(2)锯削时的姿势

基本上与錾削的姿势相同,两脚距离稍近。推锯时,身体稍微向前倾。

(3)锯削时的压力

推力、压力均由右手控制,左手扶正锯弓,几乎不施加压力,只起导向的作用。推锯时施加压力,回锯时不加压力。

(4)锯削行程与速度

①锯削的行程应为锯条长度的2/3,不宜太短。

②速度为 20~40 次/min。硬材料速度应慢一些,软材料速度可快一些。

切削行程即推时,速度应慢一些;空行程即拉时,速度可快一些。

(5)锯削时锯弓的运动方式

1)直线式

适用于锯割要求锯缝底面平直的槽、薄壁零件。

2)摆动式

推时:左手上翘,右手下压。退时:右手上抬,左手自然浮动。

2.2.7 起锯方法

(1)远起锯

远起锯是从工件远离自己的一端起锯,如图2.2(a)所示。

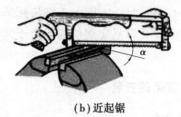

（a）远起锯　　　　　　　　　　（b）近起锯

图2.2　起锯方法

(2)近起锯

近起锯是从工件靠近操作者身体的一端起锯,如图2.2(b)所示。

1)起锯角度

起锯的角度 α 一般不大于15°。太大,不易平稳,锯齿易被工件的棱边崩断;太小,不易切入。

2)起锯方法的选择

常用远起锯的方法开始锯削加工。若采用近起锯,锯齿易被工件的棱边卡住。卡住时,可将锯弓回拉,然后再作推进运动。

 学习准备

相关视频、锯弓、锯条、教材。

 学习过程

1.说出锯削的应用。

2.锯条是锯削的常用工具,观察你所使用的锯条,并记录它的规格:_____ mm,是以_____表示的。

3.锯条以每25 mm轴向长度内的齿数来划分,查阅相关资料,并填写出粗、中、细齿锯条的齿数及应用。

4.查阅资料,分组讨论。锯削过程中应注意哪些问题?并填写表2.2。

表 2.2　锯削过程中应注意问题

时　间		主　题	锯削过程中应注意的问题
主持人		成　员	
讨论过程			
结　论			

评价与分析

活动过程评价表

班　级		姓　名		学　号		日　期	
序　号	评价要点				分　数	得　分	总　评
1	能说出锯削的应用				5		
2	能根据加工材料和加工条件合理选用锯条				10		
3	能正确安装锯条				10		
4	锯削姿势正确				10		
5	能正确起锯				10		
6	能说出锯削过程中应注意的问题				10		
7	锯削的质量较高				20		
8	能与同学们团结合作				10		
9	能遵守时间,做到不迟到、不早退,中途不离开实训现场				5		
10	语言表达能力				5		
11	能及时完成任务				5		
小结建议							

学习活动 2.3　锉削锤子表面并成形

 学习目标

- 能根据加工材料、加工条件选用锉刀。
- 能正确使用锉削工具去除多余材料。
- 能正确使用测量工具进行测量。
- 能对所使用的量具按要求进行日常保养。
- 会自评与互评。

 建议学时

17 学时。

 知识链接

2.3.1　锉刀的握法

(1)大锉刀

右手握着锉刀柄,将柄的外端顶在拇指根部的手掌上,大拇指放在手柄上,其余手指由上而下握住手柄。左手掌斜放在锉刀上方,拇指根部肌肉轻压在锉刀的刀尖上,中指和无名指抵住梢部右下方(或左手掌斜放在锉刀梢部,大拇指自然伸出,其余各指自然蜷曲,小指、无名指、中指抵住锉刀的前下方;或左手掌斜放在锉刀梢上,其余各指自然平放)。

(2)中型锉

右手同按大锉刀的方法相同,左手的大拇指和食指轻轻持扶锉梢。

(3)小型锉

右手食指平直扶在手柄的外侧面,左手手指压在锉刀的中部,以防止锉刀弯曲。

(4)整形锉

单手持手柄,食指放在锉身上方。

(5)异形锉

右手与握小型锉的方法相同,左手轻压在右手手掌外侧,以压住锉刀,小指勾住锉刀,其余4指抱住右手。

2.3.2　工件的装夹

工件的装夹是否正确,直接影响到锉削的质量。

工件尽量夹持在台虎钳钳口宽度方向的中间。锉削面靠近钳口,以防锉削时产生振动。装夹要稳固,但用力不可太大,以防工件变形。装夹已加工表面和精密工件时,应在台虎钳钳口上衬上紫铜皮或铝皮等软的衬垫,以防夹坏工件。

2.3.3 平面的锉削

(1)平面的锉削方法

1)顺向锉

顺向锉是最基本的锉削方法,不大的平面和最后锉光都用这种方法,以得到正直的刀痕。

2)交叉锉

交叉锉时,锉刀与工件接触面较大,锉刀容易掌握得平稳,且能从交叉的刀痕上判断出锉削面的凹凸情况。锉削余量大时,一般可在锉削的前阶段用交叉锉,以提高工作效率。当余量不多时,再改用顺锉,使锉纹方向一致,得到较光滑的表面。

3)推锉

当锉削狭长平面或采用顺向锉受阻时,可采用推锉。推锉时的运动方向不是锉齿的切削方向,且不能充分发挥手的力量,故切削效率不高,只适合于锉削余量小的场合。

4)锉刀的运动

为了使整个加工面的锉削均匀,无论采用顺向锉还是交叉锉,一般应在每次抽回锉刀时向旁边略作移动。

(2)锉削平面的检验方法

在平面的锉削过程当中或完工后,常用钢直尺或刀口形直尺,以透光法来检验其平面度。

注意:在检查的过程中,当需要改变检验位置时,应将尺子提起,再轻轻放到新的检验处,而不应在平面上移动,以防止磨损直尺的测量面。

2.3.4 曲面的锉削

(1)凸圆弧面的锉削方法

1)顺向滚锉法

锉削时,锉刀需要同时完成两个运动,即锉刀的前进运动和锉刀绕工件圆弧中心的转动。锉削开始时,一般选用小锉纹号的扁锉,用左手将锉刀置于工件的左侧,右手握柄抬高,接着右手下压推进锉刀,左手随着上提且仍施加压力。如此往复,直到圆弧面基本成形,顺着圆弧锉能得到较光洁的圆弧面。

2)横向滚锉法

锉刀的主要运动是沿着圆弧的轴线方向作直线运动,同时锉刀不断地沿着圆弧面摆动。这种方法锉削效率高,便于按划线均匀地锉近弧线,但只能锉成近似弧面的多棱形面,故多用于圆弧面的粗锉。

(2)凹圆弧的锉削方法

锉到要同时完成3个运动:沿着轴向作前进运动,以保证沿轴向方向全程切削;向左或向右移动半个至一个锉刀直径,以避免加工表面出现棱角;绕锉刀轴线旋转,若只有前面两个运动而没有后面这一转动,锉刀的工作面仍不是沿着工件圆弧的切线方向运动。

2.3.5 球面的锉法

锉削球面的方法是:锉刀一边沿凸圆弧面作顺向滚锉动作,一边绕球面的中心线摆动,同时又作弧形运动。

2.3.6 锉削时产生废品的形式、原因及预防方法

(1)工件夹坏

原因:①台虎钳钳口太硬,将工件表面夹出凹痕。

措施:①夹精加工工件时应用铜钳口。

原因:②夹紧力太大,将空心件夹扁。

措施:②夹紧力要适当,夹薄壁管最好用弧形木垫。

原因:③薄而大的工件未夹好,锉削时变形。

措施:③对薄而大的工件要用辅助工具夹持。

(2)平面中凸

原因:锉削时锉刀摇摆。

措施:加强锉削技术的训练。

(3)工件尺寸太小

原因:①划线不正确。

措施:①按图样尺寸正确划线。

原因:②锉刀锉出加工界线。

措施:②锉削时要经常测量,对每次锉削量要做到心中有数。

(4)表面不光洁

原因:①锉刀粗细选择不当。

措施:①合理选用锉刀。

原因:②锉屑嵌在锉刀中未及时清除。

措施:②经常清除锉屑。

(5)不应锉的部分被锉掉

原因:①锉垂直面时未选用光边锉刀。

措施:①应选用光边锉。

原因:②锉刀打滑锉伤邻近表面。

措施:②注意清除油污等引起打滑的因素。

2.3.7 锉削时安全文明生产

不使用无木柄或裂柄锉刀锉削工件,锉刀柄应装紧,以防止手柄脱出后锉舌把手刺伤。锉工件时,不可用嘴吹铁屑,以防止飞入眼内;也不可用手去清除铁屑,应用刷子扫除。

放置锉刀时,不能将其一端露出钳工台外面,以防止锉刀跌落而把脚扎伤。锉削时,不可用手摸被锉过的工件表面,因手有油污会使锉削时锉刀打滑,而造成事故。

 学习准备

锉刀、游标卡尺、刀口直尺、刀口角尺、教材。

 学习过程

1.加工锤子成形表面,应选择哪些锉刀? 选择时应考虑哪些因素?

2. 写出如图 2.3 所示平面锉削的方法,以及在操作中应如何运用。

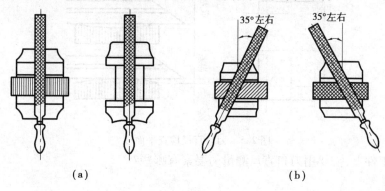

图 2.3　平面锉削

3. 内外圆弧面的锉削方法如图 2.4 所示。填空完成锉削的方法。锤子加工中,这段圆弧面宜采用什么加工方法?

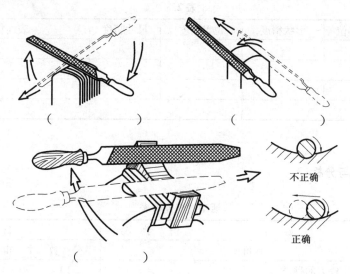

图 2.4　圆弧锉削

4. 零件图样中(20 ± 0.05)mm 是加工尺寸,表示该尺寸允许的加工误差范围为_____。查阅相关资料,了解尺寸公差的概念,并分析加工尺寸"20 ± 0.05 mm"。基本尺寸_____mm、上偏差_____、下偏差_____、最大极限尺寸_____ mm、最小极限尺寸_____mm 及公差_____。

5. 使用刀口直尺检测工件。

(1)实际加工中,通常采用刀口直尺检查平面度,如图 2.5 所示。检查时,为什么要纵向、横向和对角进行多处检测?

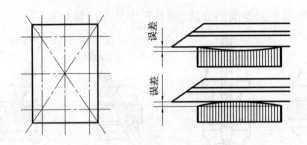

图2.5　刀口直尺检查平面度

（2）锤子工件上，需要用刀口直尺测量的要素有哪些？

（3）刀口角尺在检查工件垂直度时要注意哪些方面？

（4）检测成形榔头相关精度要求，并填写表2.3。

表2.3

序　号	检测部位	形状精度	位置精度	尺寸精度	表面粗糙度
1					
2					
3					
4					

 评价与分析

活动过程评价表

班　级		姓　名		学　号		日　期	
序　号		评价要点			分　数	得　分	总　评
1		能说出锉刀的种类			10		
2		能说出锉刀的选择原则			15		
3		能正确使用锉刀锉削成形表面			40		
4		能正确使用量具并对量具进行维护和保养			10		
5		能与同学们团结合作			10		
6		能遵守时间，做到不迟到、不早退，中途不离开实训现场			5		
7		语言表达能力			5		
8		能及时完成任务			5		
小结建议							

学习活动 2.4　加工锤子手柄并加工锤子头螺纹孔

学习目标

- 能根据加工材料、加工条件选用锉刀。
- 能正确使用钻头钻孔。
- 能正确使用丝锥攻螺纹和板牙套螺纹。
- 能对所使用的量具按要求进行日常保养。
- 会自评与互评。

建议学时

10 学时。

知识链接

2.4.1　孔的加工

根据孔的用途不同,孔的加工方法分为两类:在实心材料上加工出孔,即采用麻花钻等进行钻孔;对已存在的孔进行加工,即扩孔、锪孔和铰孔。

钻削运动:钻头与工件间的相对运动。

主运动:将切屑切下所需要的基本运动,即钻头的旋转运动。

进给运动:使被切削金属材料继续投入切削的运动,即钻头的直线移动。

钻孔方法:钳工的钻孔方法与生产的规模有关:大批生产时,借助于夹具保证加工位置的正确性;小批或单件生产时,只要借助于划线来保证其加工位置的正确。

一般工件的加工方法准备:钻孔前把工件中心位置的样冲眼用样冲冲大一些,使钻头不易偏离中心。

试钻:起钻的位置是否正确,直接影响到孔的加工质量。起钻前,首先把钻尖对准中心孔,然后启动主轴先试钻一浅坑,看所钻的锥坑是否与所划的圆周线同心。如果同心,可继续钻下去;如果不同心,则要借正之后再钻。

借正:当发现所钻的锥坑与所划的圆周线不同心时,应及时借正。一般靠移动工件的位置来借正。当在摇臂钻床上钻孔时,要移动钻床的主轴。如果偏远移量较多,也可用样冲或油槽錾在需要多钻去材料的部位錾上几条槽,以减少此处的切削阻力而让钻头偏过来,达到借正的目的。

钻孔时的安全文明生产如下:

①钻孔前,要清理工作台,如使用的刀具、量具和其他物品不应放在工作台面上。

②钻孔前,要夹紧工件,钻通孔时要垫垫块或使钻头对准工作台的沟槽,防止钻头损坏工作台。

③通孔快要被钻穿时,要减小进给量,以防止产生事故。因为快要钻通工件时,轴线阻力

41

突然消失,钻头走刀机构恢复弹性变形,会突然使进给量增大。

④松紧钻夹头应在停车后进行,且要用"钥匙"来松紧而不能敲击。当钻头要从钻头套中退出时,要用斜铁敲击。

⑤钻床需要变速时,需要停车后变速。

⑥钻孔时,应戴安全帽,而手不可戴手套,以免被高速旋转的钻头卷入造成伤害。

⑦切屑的清除应用刷子而不可用嘴吹,以防止切屑飞入眼中。

2.4.2　攻螺纹

(1)攻螺纹

攻螺纹是用丝锥在孔中切削加工内螺纹的方法。

(2)攻螺纹的工具

1)丝锥

丝锥又称为螺丝攻,是一种加工内螺纹的刀具。

常用材料为高速钢、碳素工具钢、合金工具钢。

①丝锥的种类

按照加工螺纹的种类不同,可分为普通三角螺纹丝锥、英制螺纹丝锥、圆柱螺纹丝锥、圆锥管螺纹丝锥、板牙丝锥、螺母丝锥、校准丝锥及特殊螺纹丝锥等。

按照加工方法,可分为机用丝锥和手用丝锥。

GB/T 3464.1—1994 规定手用和机用普通螺纹丝锥有粗牙、细牙之分,有粗柄、细柄之分,有单支和成组之分,有等径和不等径之分。

②丝锥的结构

丝锥由工作部分和柄部组成。

2)铰杠

作用:夹持丝锥。

种类:普通铰杠(固定铰杠和活铰杠)和丁字铰杠(固定式和可调节式)。

(3)攻螺纹的方法

1)攻螺纹前螺纹底孔直径的确定

①攻丝过程中材料的塑性变形

丝锥的切削刃除了起切削作用外,还对工件的材料产生挤压作用,被挤压出来的材料凸出工件螺纹牙型的顶端,嵌在丝锥刀齿根部的空隙中。此时,如果丝锥刀齿根部与工件螺纹牙型的顶端之间没有足够的空隙,丝锥就会被挤压出来的材料扎住,造成崩刃、折断和工件螺纹烂牙。因此,攻螺纹时螺纹底孔直径必须大于标准规定的螺纹内径。

②螺纹底孔直径大小的确定

脆性材料(铸铁):钻孔直径为

$$d_0 = d - 1.1P$$

塑性材料(钢):钻孔直径为

$$d_0 = d - P$$

式中　d_0——钻孔直径;

　　P——螺距;

　　d——螺纹外径。

2）攻螺纹的要点

①手攻螺纹

手攻螺纹时,应该注意以下 10 点:

a. 攻螺纹前螺纹底孔口要倒角,通孔螺纹底孔两端孔口都要倒角,使丝锥容易切入,并防止攻螺纹后孔口的螺纹崩裂。

b. 攻螺纹前,工件的装夹位置要正确,应尽量使螺孔的中心线位于水平位置。目的是使攻螺纹时便于判断丝锥是否垂直于工件表面。

c. 开始攻螺纹时,应把丝锥放正,用右手掌按住铰杠的中部沿丝锥中心线用力加压。此时,左手配合作顺向旋进,并保持丝锥中心线与孔中心重合,不能歪斜。当切工件 1~2 圈时,用目测或角尺检查和校正丝锥的位置。当切削部分全部切入工件时,应停止对丝锥施加压力,只需要自然地旋转铰杠靠丝锥上的螺纹自然旋进。

d. 为了避免切屑过长咬住丝锥,攻螺纹时应经常将丝锥反方向转动 1/2 圈左右,使切屑碎断后容易排出。

e. 攻不通孔螺纹时,要经常退出丝锥,排除孔中的切屑。当要攻到孔底时,更应及时排出孔底的切屑,以免攻到底时丝锥被扎住。

f. 攻通孔螺纹时,丝锥校准不应全部攻出头,否则会扩大或损坏孔口最后几牙螺纹。

g. 丝锥退出时,应先用铰杠带动螺纹平稳的反向转动,当能用手直接旋动丝锥时,应停止使用铰杠,以防止铰杠带动丝锥退出时产生摇摆和振动,破坏螺纹的粗糙度。

h. 在攻螺纹的过程中,换用另一根丝锥时,应用手握住旋入已攻出的螺孔中。直到用手旋不动时,再用铰杠进行攻螺纹。

i. 在攻材料硬度比较高的螺孔时,应头锥二锥交替攻制,这样可减轻头锥切削部分的负荷,防止丝锥折断。

j. 攻塑性材料的螺孔时,要加切削液,以减少切削阻力和提高螺孔的表面质量,延长丝锥的使用寿命。一般用机油或浓度较大的乳化液,要求高的螺孔也可用菜油或二硫化钼等。

②机攻螺纹

攻螺纹前,先选用合适的切削速度。当丝锥即将进入螺纹底孔时,进刀要慢,以防止丝锥与螺孔发生撞击。在螺纹切削部分开始攻螺纹时,应在钻床进刀手柄上施加均匀的压力,帮助丝锥切入工件。当切削部分全部切入工件时,应停止对进刀手柄施加压力,而靠丝锥螺纹自然旋进攻螺纹。

2.4.3 套螺纹

套螺纹是用板牙在圆杆或管子上切削加工外螺纹的方法。

（1）套螺纹的工具

1）圆板牙

圆板牙是加工外螺纹的工具,其外形像一个圆螺母,只是在它的上面钻有几个排屑孔并形成刀刃。

2）板牙铰杠

板牙铰杠是手工套螺纹时的一种辅助工具。

板牙铰杠的外圆旋有 4 只紧定螺钉和 1 只调松螺钉。使用时,紧定螺钉将板牙紧固在铰杠中,并传递套螺纹时的扭矩。当使用的圆板牙带有 V 形调整槽时,通过调节上面两只紧定螺钉和调整螺钉,可使板牙螺纹直径在一定范围内变动。

(2)套螺纹的方法

套螺纹前螺杆直径的确定:与攻螺纹时一样,用圆板牙在钢杆上套螺纹时,螺孔牙尖也要被挤高一些,因此,圆杆直径应比螺纹的小一些。

圆杆直径的计算公式为

$$D_1 = d - 0.13P$$

式中 D_1——圆杆直径,mm;

   d——螺纹大径,mm;

   P——螺距,mm。

(3)套螺纹要点

套螺纹必须注意以下 6 点:

①为了使板牙容易对准工件和切入工件,圆杆端部要倒成圆锥斜角为 15°～20°的锥体。锥体的最小直径可略小于螺纹小径,使切出的螺纹端部避免出现锋口和卷边而影响螺母的拧入。

②为了防止圆杆夹持出现偏斜和夹出痕迹,圆杆应装在用硬木制成的 V 形钳口或软金属制成的衬垫中。在加衬垫时,圆杆套螺纹的部分离钳口要尽量近。

③套螺纹时,应保持板牙端面与圆杆轴线垂直,否则套出的螺纹两面会有深有浅,甚至烂牙。

④在开始套螺纹时,可用手掌按住板牙中心,适当地施加压力并使铰杠转动。当板牙切工件 1～2 圈时,应目测检查和校正板牙的位置。当板牙切入圆杆 3～4 圈时,应停止施加压力,而仅平稳地转动铰杠,板牙螺纹自然旋进套螺纹。

⑤为了避免切屑过长,套螺纹过程中板牙应经常倒转。

⑥在钢件上套螺纹时,要加切削液,以延长板牙的使用寿命,减小螺纹的表面粗糙度。

 学习准备

锉刀、钻头、丝锥、板牙、游标卡尺、高度游标卡尺、资讯材料。

 学习过程

1.攻螺纹时钻头直径如何选择?

2.攻螺纹的工具是_____。

3. 丝锥使用注意哪些？

4. 板牙铰手有_____和_____。

5. 圆角的锉削加工方法。

 评价与分析

活动过程评价表

班　级		姓　名		学　号		日　期	
序　号		评价要点			分　数	得　分	总　评
1		能说出攻螺纹的底孔直径如何确定			10		
2		能说出攻螺纹的工具			15		
3		能说出丝锥使用注意事项			40		
4		能正确使用铰手			10		
5		能与同学们团结合作			10		
6		能遵守时间,做到不迟到、不早退,中途不离开实训现场			5		
7		语言表达能力			5		
8		能及时完成任务			5		
小结建议							

学习活动 2.5　工作总结、成果展示、经验交流

 学习目标

- 能正确规范撰写总结。
- 能采用多种形式进行成果展示。
- 能有效进行工作反馈与经验交流。

 建议学时

4 学时。

 学习准备

课件、展示工件。

 学习过程

1.查阅相关资料,写出工作总结的组成要素。

2.写出成果展示方案。

3.写出工作总结和评价。

 评价与分析

活动过程自评表

班　级		姓　名		学　号		日　期		年　月　日	
评价指标	评价要素			权　重	A	B	C	D	
信息检索	能有效利用网络资源、工作手册查找有效信息			5%					
	能用自己的语言有条理地去解释、表述所学知识			5%					
	能将查找到的信息有效转换到工作中			5%					
感知工作	是否熟悉工作岗位,认同工作价值			5%					
	在工作中,是否获得满足感			5%					
参与状态	与教师、同学之间是否相互尊重、理解、平等			5%					
	与教师、同学之间是否能够保持多向、丰富、适宜的信息交流			5%					
	探究学习、自主学习不流于形式,处理好合作学习和独立思考的关系,做到有效学习			5%					
	能提出有意义的问题或能发表个人见解;能按要求正确操作;能够倾听、协作、分享			5%					
	积极参与,在产品加工过程中不断学习,提高综合运用信息技术的能力			5%					
学习方法	工作计划、操作技能是否符合规范要求			5%					
	是否获得了进一步发展的能力			5%					
工作过程	遵守管理规程,操作过程符合现场管理要求			5%					
	平时上课的出勤情况和每天完成工作任务情况			5%					
	善于多角度思考问题,能主动发现、提出有价值的问题			5%					
思维状态	是否能发现问题、提出问题、分析问题、解决问题、创新问题			5%					

续表

评价指标	评价要素	权重	A	B	C	D
自评反馈	按时按质完成工作任务	5%				
	较好地掌握了专业知识点	5%				
	具有较强的信息分析能力和理解能力	5%				
	具有较为全面、严谨的思维能力,并能条理明晰地表述成文	5%				
自评等级						
有益的经验和做法						
总结反思建议						

等级评定:A:好　B:较好　C:一般　D:有待提高

活动过程评价互评表

班级		姓名		学号		日期		年 月 日	
评价指标	评价要素		权重		A	B	C	D	
信息检索	能有效利用网络资源、工作手册查找有效信息		5%						
	能用自己的语言有条理地去解释、表述所学知识		5%						
	能将查找到的信息有效转换到工作中		5%						
感知工作	是否熟悉工作岗位,认同工作价值		5%						
	在工作中,是否获得满足感		5%						
参与状态	与教师、同学之间是否相互尊重、理解、平等		5%						
	与教师、同学之间是否能够保持多向、丰富、适宜的信息交流		5%						
	能处理好合作学习和独立思考的关系,做到有效学习		5%						
	能提出有意义的问题或能发表个人见解;能按要求正确操作;能够倾听、协作、分享		5%						
	积极参与,在产品加工过程中不断学习,综合运用信息技术的能力提高很大		5%						

续表

评价指标	评价要素	权 重	A	B	C	D
学习方法	工作计划、操作技能是否符合规范要求	10%				
	是否获得了进一步发展的能力	5%				
工作过程	是否遵守管理规程,操作过程符合现场管理要求	10%				
	平时上课的出勤情况和每天完成工作任务情况	5%				
	是否善于多角度思考问题,能主动发现、提出有价值的问题	5%				
思维状态	是否能发现问题、提出问题、分析问题、解决问题、创新问题	5%				
互评反馈	能严肃、认真地对待互评	10%				
互评等级						
简要评述						

等级评定:A:好 B:较好 C:一般 D:有待提高

活动过程教师评价表

班 级		姓 名	学 号	权 重	评 价
知识策略	知识吸收	能设法记住要学习的内容		3%	
		使用多样性手段,通过网络、技术手册等收集到较多有效信息		3%	
	知识构建	自觉寻求不同工作任务之间的内在联系		3%	
	知识应用	将学习到的内容应用到解决实际问题中		3%	
工作策略	兴趣取向	对课程本身感兴趣,熟悉自己的工作岗位,认同工作价值		3%	
	成就取向	学习的目的是获得高水平的成绩		3%	
	批判性思考	谈到或听到一个推论或结论时,会考虑其他可能的答案		3%	
管理策略	自我管理	若不能很好地理解学习内容,会设法找到该任务相关的其他资讯		3%	

续表

班 级			姓 名	学 号		权 重	评 价
管理策略	过程管理		能正确回答材料和教师提出的问题			3%	
			能根据提供的材料、工作页和教师指导进行有效学习			3%	
			针对工作任务,能反复查找资料、反复研讨,编制有效工作计划			3%	
			在工作过程中,留有研讨记录			3%	
			团队合作中,主动承担完成任务			3%	
	时间管理		有效组织学习时间和按时按质完成工作任务			3%	
	结果管理		在学习过程中有满足、成功与喜悦等体验,对后续学习更有信心			3%	
			根据研讨内容,对讨论知识、步骤、方法进行合理的修改和应用			3%	
			课后能积极有效地进行学习的自我反思,总结学习的长短之处			3%	
			规范撰写工作小结,能进行经验交流与工作反馈			3%	
过程状态	交往状态		与教师、同学之间交流语言得体,彬彬有礼			3%	
			与教师、同学之间保持多向、丰富、适宜的信息交流和合作			3%	
	思维状态		能用自己的语言有条理地去解释、表述所学知识			3%	
			善于多角度思考问题,能主动提出有价值的问题			3%	
	情绪状态		能自我调控好学习情绪,能随着教学进程或解决问题的全过程而产生不同的情绪变化			3%	
	生成状态		能总结当堂学习所得,或提出深层次的问题			3%	
	组内合作状态		分工及任务目标明确,并能积极组织或参与小组工作			3%	
			积极参与小组讨论并能充分地表达自己的思想或意见			3%	
	组际总结过程		能采取多种形式,展示本小组的工作成果,并进行交流反馈			3%	
			对其他组同学提出的疑问能作出积极有效的解释			3%	
			认真听取其他组的汇报发言,并能大胆质疑或提出不同意见或更深层次的问题			3%	
	工作总结		规范撰写工作总结			3%	
综合评价			按照"活动过程评价自评表",严肃、认真地对待自评			5%	
			按照"活动过程评价互评表",严肃、认真地对待互评			5%	
总评等级							
					评定人: 年 月 日		

等级评定:A:好 B:较好 C:一般 D:有待提高

 制件评价

一、展示评价

把个人制作好的制件先进行分组展示,再由小组推荐代表作必要的介绍。在展示的过程中,以组为单位进行评价;评价完成后,根据其他组成员对本组展示成果的评价意见进行归纳、总结。主要评价项目如下:

1. 展示的产品是否符合技术标准?

合格□　　　　　　不良□　　　　　返修□　　　　　　报废□

2. 与其他组相比,本小组的产品工艺是否合理?

工艺优化□　　　　工艺合理□　　　　工艺一般□

3. 本小组介绍成果时,表达是否清晰、合理?

很好□　　　　　　一般,需要补充□　　不清晰□

4. 本小组演示产品检测方法时,操作是否正确?

正确□　　　　　　部分正确□　　　　不正确□

5. 本小组演示操作时,是否遵循了“7S”的工作要求?

符合工作要求□　　忽略了部分要求□　完全没有遵循□

6. 本小组的成员团队创新精神如何?

良好□　　　　　　一般□　　　　　　不足□

7. 总结这次任务,本组是否达到学习目标? 你给予本组的评分是多少? 对本组的建议是什么?

学生:　　　　年　　月　　日

二、教师对展示的作品分别作评价

1. 针对展示过程中各组的优点进行点评。

2. 针对展示过程中各组的缺点进行点评,提出改进方法。

3. 总结整个任务完成中出现的亮点和不足。

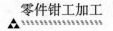
三、综合评价

指导教师：   年   月   日

学习任务 **3**
五角合套的制作

学习目标

- 能说出配合的含义。
- 能说出尺寸公差、形位公差的种类以及具体含义。
- 能说出表面粗糙度的具体含义。
- 会铰孔的相关操作。
- 会使用万能角度尺。
- 能根据检测结果与图样进行比较,判别零件是否合格。
- 能培养学生踏实严谨、精益求精的治学态度。
- 能培养学生爱岗敬业、团结协作的工作作风。
- 能根据现场管理规范要求,清理场地,归置物品。
- 能培养学生与人沟通的能力。
- 能遵守实训室"7S"管理规定,做到安全文明生产。
- 能写出工作总结并进行作品展示。
- 能按环保要求处理废弃物。

建议学时

45 学时。

学习地点

钳工实训一体化教室。

工作情境描述

学校接到某公司一批加工订单,要求制作 10 套五角合套工艺品,如图 3.1 所示。学校将生产任务下达到了我系钳工组,要求在1周半内完成加工任务,并交付检验、使用。

零件图

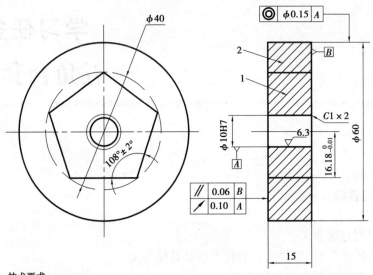

技术要求:
件2五角以件1为基础配件,
配合互换间隙小于等于0.8

图3.1 五角合套

工作流程与活动

在接受工作任务后,应首先读懂五角合套图样,获取五角合套的特点、尺寸要求等信息;按照加工工艺步骤,独立划线;采用锯削、锉削、铰孔等加工方法加工出五角合套;然后选择合适的量具进行检测。能按照现场管理规范清理场地、归置物品,按环保要求处理废弃物。

◆ 学习活动3.1 填写五角合套加工工艺卡（6学时）
◆ 学习活动3.2 加工外五角(16学时)
◆ 学习活动3.3 加工内五角(20学时)
◆ 学习活动3.4 工作总结、成果展示、经验交流(3学时)

学习活动3.1 填写五角合套加工工艺卡

学习目标

• 能制订合理的进度计划。
• 能采用有效的信息。
• 能分析图样中的各组成部分的图形要素。

- 能理解形位公差的含义。
- 对照加工图样填写其加工工艺卡。
- 会自评与互评。

建议学时

6 学时。

知识链接

3.1.1　公差相关知识

(1)零件的几何要素

构成零件几何体的点、线、面,称为几何要素,如图 3.2 所示。零件的几何误差就是关于零件各个几何要素的自身形状、方向、位置、跳动所产生的误差。几何公差就是对这些几何要素的形状、方向、位置、跳动所提出的精度要求。

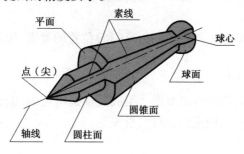

图 3.2　零件的几何要素

(2)零件的几何要素的分类

1)按存在的状态分类(见图 3.3)

①理想要素

具有几何学意义的要素,称为理想要素。理想要素是没有任何误差的要素,图样是用来表达设计意图和加工要求的,因而图样上构成零的点、线、面都是理想要素。

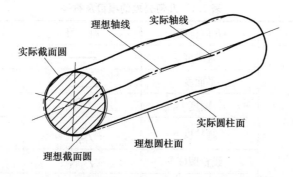

图 3.3　理想要素和实际要素

55

②实际要素

零件上实际存在的要素,称为实际要素。实际要素是由加工形成的,在加工中由于各种原因会产生加工误差,因此,实际要素是具有几何公差的要素。由于存在测量误差,实际要素并非该要素的真实状况。

2)按在几何公差中所处的地位分类

①被测要素

如图 3.4 所示,给出几何公差的要素,称为被测要素。

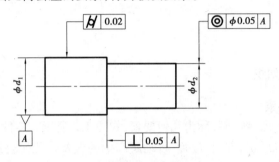

图 3.4　被测要素与基准要素

②基准要素

如图 3.4 所示,用来确定被测要素方向或(和)位置的要素,称为基准要素。

3)按几何特征分类

①组成要素(轮廓要素)

构成零件的点、线、面,称为组成要素。组成要素是可见的,能直接为人们所感觉到的,如零件的几何要素中的圆柱面、圆锥面、球面、素线等。

②导出要素(中心要素)

表示轮廓要素的对称中心的点、线、面,称为导出要素。

导出要素虽不可见,不能直接为人们所感觉到,但可通过相应的组成要素来模拟体现。例如,零件的几何要素中的轴线、球心;被测要素与基准要素中的圆柱的轴线。

3.1.2　几何公差的项目及符号

几何公差的项目及符号见表3.1。

表3.1　几何公差的项目及符号

公差类型	几何特征	符　号	有无基准
形状公差	直线度	——	无
	平面度	▱	无
	圆度	○	无
	圆柱度	⌭	无
	线轮廓度	⌒	无
	面轮廓度	⌓	无

续表

公差类型	几何特征	符　号	有无基准
方向公差	平行度	//	有
	垂直度	⊥	有
	倾斜度	∠	有
	线轮廓度	⌒	有
	面轮廓度	⌓	有
位置公差	位置度	⊕	有或无
	同心度（用于中心点）	◎	有
	同轴度（用于轴线）	◎	有
	对称度	≡	有
	线轮廓度	⌒	有
	面轮廓度	⌓	有
跳动公差	圆跳动	↗	有
	全跳动	↗↗	有

3.1.3　几何公差带

几何公差带是指限制实际要素变动的区域。

（1）形状

形状是由公差项目及被测要素与基准要素的几何特征来确定的。

（2）大小

大小是指公差带的宽度、直径或半径差的大小。它由图样上给定的形位公差值确定。

学习准备

图样、教材。

学习过程

1. 查阅资料，清楚五角合套加工顺序。

2.结合五角合套图样,解释如图3.5所示形位公差代号的含义。

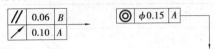

图3.5 形位公差代号

3.小组讨论,合理安排工作进度计划,可参考图3.6,然后填写表3.2。

1.划线,基础孔钻孔,倒角,铰孔

2.基础边,重点边位置精度要求精确

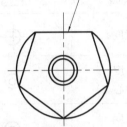

3.两侧边,递增重点在依据基础边的角度加工精度控制

4.第四五个侧边,同样递增重点在依据基础边的角度加工精度控制

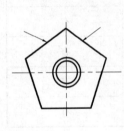

5.凸件完成后再开始制作凹件,重点在于如何计算尺寸及建立制作基础

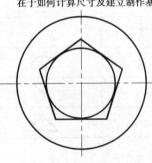

6.两侧边,递增重点在依据基础边的角度加工精度控制

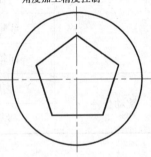

图3.6 五角合套制作过程

表3.2 五角合套制作安排

序 号	工作内容	工作要求	开始时间	结束时间	备 注

4. 根据小组成员特点,完成工作进度计划中的分工表,填写表 3.3。

表 3.3　工作进度分工表

小组成员名单	成员特点	小组中的分工	备　注

5. 填写表 3.4 五角合套加工工艺卡。

表 3.4　五角合套加工工艺卡

工　序	工　步	操作内容	精度要求	加工余量	主要工量具
外五角加工	划线				
	钻、铰孔				
	锯削				
	锉削				
内五角加工	划线				
	锉削				

评价与分析

活动过程评价表

班　级		姓　名		学　号		日　期	年 月 日
序　号		评价要点			配　分	得　分	总　评
1	能说出五角合套的加工顺序				10		
2	能分析图样中的图形元素				10		
3	能识读行位公差符号				15		
4	能填写加工工艺卡				20		
5	能与同学们团结合作				10		
6	能遵守时间,做到不迟到、不早退,中途不离开实训现场				10		
7	能严格遵守"7S"管理要求				10		
8	语言表达能力				5		
9	能及时完成任务				10		
小结建议							

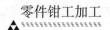

学习活动 3.2　加工外五角

　学习目标

- 能根据图样要求选好加工基准面。
- 能正确使用锉削工具去除多余材料。
- 能正确使用测量工具进行测量,保证基准面标准。
- 会使用万能分度头。
- 会使用万能角度尺。
- 能对所使用的量具按要求进行日常保养。
- 会自评与互评。

　建议学时

16 学时。

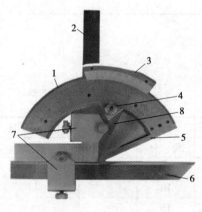

图 3.7　万能角度尺结构
1—尺身;2—角尺;3—游标;4—制动器;
5—基尺;6—直尺;7—夹块;8—扇形板

　知识链接

万能角度尺又称角度规、游标角度尺和万能量角器,如图 3.7 所示。它是利用游标读数原理来直接测量工件角或进行划线的一种角度量具。它适用于机械加工中的内外角度测量,可测 0°~320° 的外角,以及 40°~130°的内角。

万能角度尺的读数机构是根据游标原理制成的。主尺刻线每格为 1°。游标的刻线是取主尺的 29°等分为 30 格。因此,游标刻线角格为 29°/30,即主尺与游标一格的差值为 2′,也就是说万能角度尺读数准确度为 2′。其读数方法与游标卡尺完全相同,如图 3.8 所示。

　学习准备

锉刀、高度游标卡尺、刀口直尺、万能角度尺、万能分度头、教材。

　学习过程

1.加工外五角时,基准面如何选择?

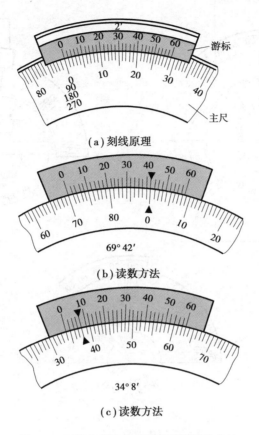

图 3.8　万能角度尺的刻线原理和读数方法

2.万能分度头的使用方法是什么?

3.万能角度尺的使用,如图 3.9 所示。

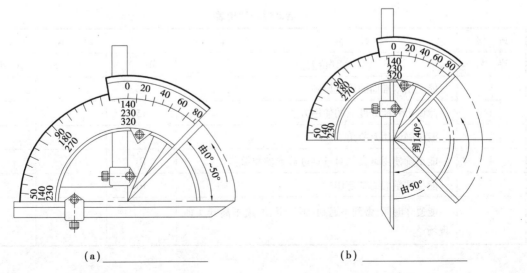

(a)_____　　　　　(b)_____

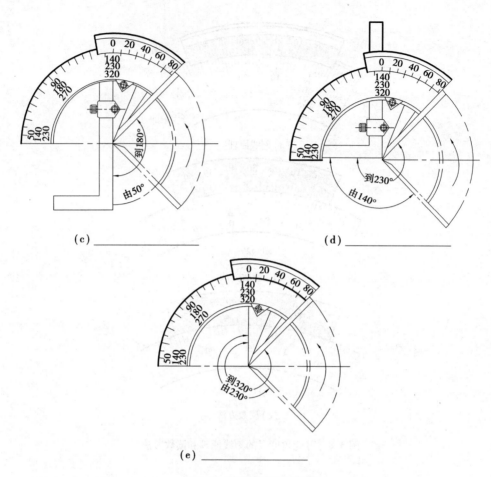

(c) _____   (d) _____

(e) _____

图3.9 万能角度尺的使用

4. 铰孔的精度_____。

 评价与分析

活动过程评价表

班　级		姓　名		学　号		日　期		
序　号		评价要点			分　数	得　分	总　评	
1		能说出基准面的确定原则			10			
2		能说出万能分度头的使用方法			15			
3		能正确使用万能角度尺			40			
4		能正确使用量具并对量具进行维护和保养			10			
5		能与同学们团结合作			10			
6		能遵守时间,做到不迟到、不早退,中途不离开实训现场			5			

序　号	评价要点	分　数	得　分	总　评
7	语言表达能力	5		
8	能及时完成任务	5		
小结建议				

学习活动 3.3　加工内五角

学习目标

- 能正确使用划线工具划出内五角。
- 能正确使用锉削工具去除多余材料。
- 能正确使用测量工具进行测量,保证内五角尺寸准确。
- 会根据外五角的精度控制内五角的精度。
- 能对所使用的量具按要求进行日常保养。
- 会自评与互评。

建议学时

20 学时。

知识链接

3.3.1　万能分度头的主要结构

万能分度头的主要结构如图 3.10 所示。

(1)主轴

主轴前端可安装三爪自定心卡盘(或顶尖)及其他装卡附件,用以夹持工件。主轴后端可安装锥柄挂轮轴用作差动分度。

(2)本体

本体内安装主轴及蜗轮、蜗杆。本体在支座内可使主轴在垂直平面内由水平位置向上转动小于等于 95°,向下转动小于等于 5°。

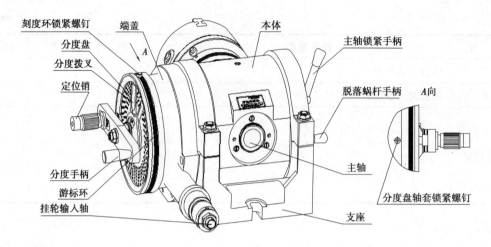

图 3.10　万能分度头

（3）支座

支承本体部件,通过底面的定位键与铣床工作台中间 T 形槽联接。用 T 形螺栓紧固在铣床工作台上。

（4）端盖

端盖内装有两对啮合齿轮及挂轮输入轴,可使动力输入本体内。

（5）分度盘

分度盘两面都有多行沿圆周均布的小孔,用于满足不同的分度要求。

分度盘随分度头带有以下两块:

①第一块正面孔数依次为 24,25,28,30,34,37。

反面孔数依次为 38,39,41,42,43。

②第二块正面孔数依次为 46,47,49,51,53,54。

反面孔数依次为 57,58,59,62,66。

3.3.2　万能分度头的使用

使用分度头进行分度的方法有直接分度、角度分度、简单分度及差动分度等。

（1）直接分度

当分度精度要求较低时,摆动分度手柄,根据本体上的刻度和主轴刻度环直接读数进行分度。分度前,应将分度盘轴套锁紧,螺钉锁紧。

切削时,必须锁紧主轴锁紧手柄后,方可进行切削。

（2）角度分度

当分度精度要求较低时,也可利用分度手轮上的可转动的分度刻度环和分度游标环来实现分度。分度刻度环每旋转 1 周分度值为 9°,刻度环每一小格读数为 1′,分度游标环刻度一小格读数为 10″。

分度前,应将分度盘轴套锁紧,螺钉锁紧。

简单分度是最常用的分度方法。它利用分度盘上不同的孔数和定位销,通过计算来实现工件所需的等分数。

计算方法为

$$n = \frac{40}{z}$$

式中 n——定位销(即分度手柄)转数;

　　z——工件所需等分数。

若计算值含分数,则在分度盘中选择具有该分母整数倍的孔圈数。

例如,用分度头铣齿数 $z = 36$ 的齿轮,则

$$n = \frac{40}{36} = 1\frac{1}{9}$$

在分度盘中,找到孔数为 $9 \times 6 = 54$ 的孔圈,代入上式,得

$$n = \frac{40}{36} = 1\frac{1}{9} = 1\frac{1 \times 6}{9 \times 6} = 1\frac{6}{54}$$

操作方法是:先将分度盘轴套锁紧螺钉锁紧,再将定位销调整到 54 孔数的孔圈上,调整扇形拨叉含有 6 个孔距。此时,转动手柄使定位销旋转 1 圈再转过 6 个孔距。

学习准备

锉刀、高度游标卡尺、万能角度尺、万能分度头、教材。

学习过程

1. 内五角的精度如何控制?

2. 如何控制配合精度?

评价与分析

活动过程评价表

班　级		姓　名		学　号		日　期	
序　号		评价要点		分　数	得　分	总　评	
1		能正确使用锉刀锉削内五角		10			
2		能说出如何控制角度精度		15			
3		能正确利用外五角加工内五角		40			
4		能正确使用量具并对量具进行维护和保养		10			
5		能与同学们团结合作		10			
6		能遵守时间,做到不迟到、不早退,中途不离开实训现场		5			
7		语言表达能力		5			
8		能及时完成任务		5			
小结建议							

学习活动 3.4　工作总结、成果展示、经验交流

学习目标

- 能正确规范撰写总结。
- 能采用多种形式进行成果展示。
- 能有效进行工作反馈与经验交流。

建议学时

3 学时。

学习准备

课件、展示工件。

学习过程

1. 查阅相关资料,写出工作总结的组成要素。

2. 写出成果展示方案。

3. 写出工作总结和评价。

评价与分析

活动过程自评表

班　级		姓　名		学　号		日　期		年　月　日	
评价指标	评价要素				权　重	A	B	C	D
信息检索	能有效利用网络资源、工作手册查找有效信息				5%				
	能用自己的语言有条理地去解释、表述所学知识				5%				
	能将查找到的信息有效转换到工作中				5%				
感知工作	是否熟悉工作岗位,认同工作价值				5%				
	在工作中,是否获得满足感				5%				

续表

评价指标	评价要素	权重	A	B	C	D
参与状态	与教师、同学之间是否相互尊重、理解、平等	5%				
	与教师、同学之间是否能够保持多向、丰富、适宜的信息交流	5%				
	探究学习、自主学习不流于形式,处理好合作学习和独立思考的关系,做到有效学习	5%				
	能提出有意义的问题或能发表个人见解;能按要求正确操作;能够倾听、协作、分享	5%				
	积极参与,在产品加工过程中不断学习,提高综合运用信息技术的能力	5%				
学习方法	工作计划、操作技能是否符合规范要求	5%				
	是否获得了进一步发展的能力	5%				
工作过程	遵守管理规程,操作过程符合现场管理要求	5%				
	平时上课的出勤情况和每天完成工作的任务情况	5%				
	善于多角度思考问题,能主动发现、提出有价值的问题	5%				
思维状态	是否能发现问题、提出问题、分析问题、解决问题、创新问题	5%				
自评反馈	按时按质完成工作任务	5%				
	较好地掌握了专业知识点	5%				
	具有较强的信息分析能力和理解能力	5%				
	具有较为全面、严谨的思维能力,并能条理明晰地表述成文	5%				
自评等级						
有益的经验和做法						
总结反思建议						

等级评定:A:好　B:较好　C:一般　D:有待提高

活动过程评价互评表

班　级		姓　名		学　号		日　期		年　月　日	
评价指标	评价要素			权　重	A	B	C	D
信息检索	能有效利用网络资源、工作手册查找有效信息			5%				
	能用自己的语言有条理地去解释、表述所学知识			5%				
	能将查找到的信息有效转换到工作中			5%				
感知工作	是否熟悉工作岗位,认同工作价值			5%				
	在工作中,是否获得满足感			5%				
参与状态	与教师、同学之间是否相互尊重、理解、平等			5%				
	与教师、同学之间是否能够保持多向、丰富、适宜的信息交流			5%				
	能处理好合作学习和独立思考的关系,做到有效学习			5%				
	能提出有意义的问题或能发表个人见解;能按要求正确操作;能够倾听、协作、分享			5%				
	积极参与,在产品加工过程中不断学习,综合运用信息技术的能力提高很大			5%				
学习方法	工作计划、操作技能是否符合规范要求			10%				
	是否获得了进一步发展的能力			5%				
工作过程	是否遵守管理规程,操作过程符合现场管理要求			10%				
	平时上课的出勤情况和每天完成工作任务情况			5%				
	是否善于多角度思考问题,能主动发现、提出有价值的问题			5%				
思维状态	是否能发现问题、提出问题、分析问题、解决问题、创新问题			5%				
互评反馈	能严肃、认真地对待互评			10%				
互评等级								
简要评述								

等级评定:A:好　B:较好　C:一般　D:有待提高

活动过程教师评价表

班级		姓 名		学 号		权 重	评 价
知识策略	知识吸收	能设法记住要学习的内容				3%	
		使用多样性手段,通过网络、技术手册等收集到较多有效信息				3%	
	知识构建	自觉寻求不同工作任务之间的内在联系				3%	
	知识应用	将学习到的内容应用到解决实际问题中				3%	
工作策略	兴趣取向	对课程本身感兴趣,熟悉自己的工作岗位,认同工作价值				3%	
	成就取向	学习的目的是获得高水平的成绩				3%	
	批判性思考	谈到或听到一个推论或结论时,会考虑其他可能的答案				3%	
管理策略	自我管理	若不能很好地理解学习内容,会设法找到该任务相关的其他资讯				3%	
	过程管理	能正确回答材料和教师提出的问题				3%	
		能根据提供的材料、工作页和教师指导进行有效学习				3%	
		针对工作任务,能反复查找资料、反复研讨,编制有效工作计划				3%	
		在工作过程中,留有研讨记录				3%	
		团队合作中,主动承担完成任务				3%	
	时间管理	有效组织学习时间和按时按质完成工作任务				3%	
	结果管理	在学习过程中有满足、成功与喜悦等体验,对后续学习更有信心				3%	
		根据研讨内容,对讨论知识、步骤、方法进行合理的修改和应用				3%	
		课后能积极有效地进行学习的自我反思,总结学习的长短之处				3%	
		规范撰写工作小结,能进行经验交流与工作反馈				3%	
过程状态	交往状态	与教师、同学之间交流语言得体,彬彬有礼				3%	
		与教师、同学之间保持多向、丰富、适宜的信息交流与合作				3%	
	思维状态	能用自己的语言有条理地去解释、表述所学知识				3%	
		善于多角度思考问题,能主动提出有价值的问题				3%	
	情绪状态	能自我调控好学习情绪,能随着教学进程或解决问题的全过程而产生不同的情绪变化				3%	

续表

班　级		姓　名		学　号		权　重	评　价
过程状态	生成状态	能总结当堂学习所得，或提出深层次的问题				3%	
	组内合作状态	分工及任务目标明确，并能积极组织或参与小组工作				3%	
		积极参与小组讨论并能充分表达自己的思想或意见				3%	
	组际总结过程	能采取多种形式，展示本小组的工作成果，并进行交流反馈				3%	
		对其他组学生提出的疑问能作出积极有效的解释				3%	
		认真听取其他组的汇报发言，并能大胆质疑或提出不同意见或更深层次的问题				3%	
	工作总结	规范撰写工作总结				3%	
综合评价		按照"活动过程评价自评表"，严肃、认真地对待自评				5%	
		按照"活动过程评价互评表"，严肃、认真地对待互评				5%	
总评等级							
				评定人：	年　月　日		

等级评定：A：好　　B：较好　　C：一般　　D：有待提高

 **制件评价**

一、展示评价

把个人制作好的制件先进行分组展示，再由小组推荐代表作必要的介绍。在展示的过程中，以组为单位进行评价；评价完成后，根据其他组成员对本组展示成果的评价意见进行归纳、总结。主要评价项目如下：

1. 展示的产品是否符合技术标准？

合格□　　　　　不良□　　　　　返修□　　　　　报废□

2. 与其他组相比，本小组的产品工艺是否合理？

工艺优化□　　　工艺合理□　　　工艺一般□

3. 本小组介绍成果时，表达是否清晰、合理？

很好□　　　　　一般，需要补充□　　不清晰□

4. 本小组演示产品检测方法时，操作是否正确？

正确□　　　　　部分正确□　　　　不正确□

5. 本小组演示操作时，是否遵循了"7S"的工作要求？

符合工作要求□　　忽略了部分要求□　　完全没有遵循□

6. 本小组的成员团队创新精神如何？

良好□　　　　　一般□　　　　　不足□

7. 总结这次任务，本组是否达到学习目标？你给予本组的评分是多少？对本组的建议是什么？

学生：　　　　年　月　日

二、教师对展示的作品分别作评价

1. 针对展示过程中各组的优点进行点评。

2. 针对展示过程中各组的缺点进行点评,提出改进方法。

3. 总结整个任务完成中出现的亮点和不足。

三、综合评价

指导教师:　　　　　　　　　　　　　　　　　　　年　　月　　日

学习任务 4

刀口直尺的制作

 学习目标

- 能接受刀口直尺制作任务,明确加工工期、加工要求,制订加工计划。
- 能正确识读刀口直尺加工图样。
- 能对照刀口直尺加工图样,看懂其加工工艺卡片。
- 能按加工步骤完成刀口直尺各部位的钳加工并为磨削、研磨留出加工余量。
- 能按平面磨床的操作规程操作平面磨床对工件进行磨削加工。
- 能通过查阅钳工相关手册选用合适的研具及磨料。
- 能按研磨工艺的要求对工件进行研磨加工。
- 能按检测要求正确选用量具,并对工件进行检测。
- 能根据现场管理规范要求,清理场地,归置物品。
- 能培养学生与人沟通的能力。
- 能遵守实训室"7S"管理规定,做到安全文明生产。
- 能写出工作总结并进行作品展示。
- 能按环保要求处理废弃物。

 建议学时

30 学时。

 学习地点

钳工实训一体化教室。

 工作情境描述

现实习车间需扩大钳工实训场地规模,要求钳工组完成生产 10 件刀口角尺的任务,如图

4.1 所示。图样已交予钳工组,工期为 1 周,自己下料加工,产品经检验合格后交付使用。

 **零件图**

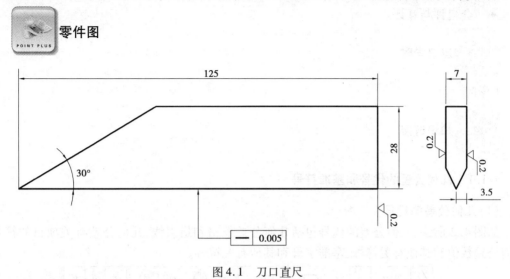

图 4.1   刀口直尺

 工作流程与活动

在接受工作任务后,应首先了解工作场地的环境、设备管理要求,穿着符合劳保要求的服装。在老师的指导下,读懂图纸,分析出加工工艺步骤,正确使用工量具,按图样要求,采用划线、磨削、研磨以及简单的热处理等加工方法,使用游标卡尺、角尺进行检测,独立完成刀口直尺制作,并能按现场管理规范要求清理场地,归置物品,按环保要求处理废弃物。

 ◆   学习活动 4.1   填写加工工艺卡(1 学时)
 ◆   学习活动 4.2   刀口直尺的钳加工(6 学时)
 ◆   学习活动 4.3   刀口直尺的磨削加工(6 学时)
 ◆   学习活动 4.4   研具和磨料的选择、刀口直尺的研磨、检测(15 学时)
 ◆   学习活动 4.5   工作总结、成果展示、经验交流(2 学时)

学习活动 4.1   填写加工工艺卡

学习目标

 •   能制订合理的进度计划。
 •   能采集有效信息。
 •   能在规定的时间内完成任务。
 •   能分析图样中的图形要素。
 •   能理解位置公差符号的含义。
 •   能正确识读刀口角尺加工图样。

- 能对照刀口角尺加工图样,填写其加工工艺。
- 会自评与互评。

建议学时

1 学时。

知识链接

4.1.1 几何公差的代号和基准符号

（1）几何公差的代号

如图 4.2 所示,几何公差的代号包括几何公差框格和指引线、几何公差有关项目的符号、几何公差数值和其他有关符号、基准字母和其他有关符号。

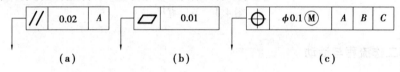

图 4.2 几何公差的代号

①第一格填写几何公差项目符号。

②第二格填写几何公差数值和有关符号。

③第三格及以后填写基准符号字母和有关符号。

（2）基准符号

（a）　（b）

图 4.3 基准代号

在几何公差的标注中,与被测要素相关的基准用一个大写字母表示,字母标注在基准方格内,与一个涂黑或空白的三角形相连以表示基准,涂黑的和空白的基准三角形含义相同,如图 4.3 所示。

基准符号字母不得采用 $E, I, J, M, O, P, L, R, F$。

当字母不够用时可加脚注,如 $A_1, A_2, \cdots; B_1, B_2, \cdots$。

4.1.2 被测要素的标注方法

用带箭头的指引线将被测要素与公差框格的一端相连,指引线的箭头应指向被测要素公差带的宽度或直径方向。

①当被测要素为组成要素(轮廓线或为有积聚性投影的表面)时,将箭头置于要素的轮廓或轮廓线的延长线并与尺寸线明显地错开,如图 4.4 所示。

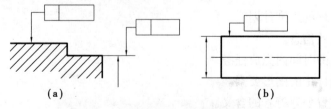

（a）　（b）

图 4.4 被测要素为组成要素时的标注

②当被测要素为轴线、中心平面或由带尺寸的要素确定的点时,则指引线的箭头应与确定中心要素的轮廓的尺寸线对齐,如图 4.5 所示。

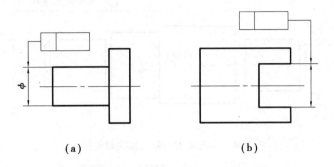

(a)   (b)

图 4.5   被测要素为导出要素(中心要素)时的标注

4.1.3   基准要素的标注方法

基准要素采用基准符号标注,并从几何公差框格中的第三格起,填写相应的基准符号字母,基准符号中的连线应与基准要素垂直。无论基准符号在图样中方向如何,方格内字母应水平书写,如图 4.6 所示。

①当基准要素为组成要素时,基准符号的连线应指在该要素的轮廓线上或轮廓线的延长线上,并应明显地与尺寸线明显地错开,如图 4.7 所示。

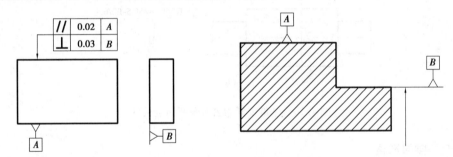

图 4.6   基准要素的标注   图 4.7   基准要素为组成要素时的标注

②当基准要素是导出要素时,基准符号的连线应与确定该要素的轮廓的尺寸线对齐,如图 4.8 所示。

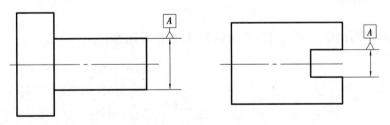

图 4.8   基准要素为导出要素的标注

③基准要素为公共轴线时的标注,如图 4.9 所示。

当轴类零件以两端中心孔工作锥面的公共轴线作为基准时,可采用如图 4.10 所示的标准方法。其中,图 4.10(a)为两端中心孔参数不同时的标注,图 4.10(b)为两端中心孔参数相同时的标注。

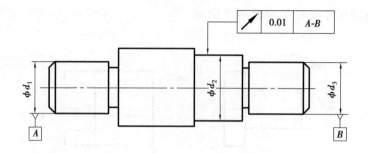

图4.9 基准要素为公共轴线时的标注

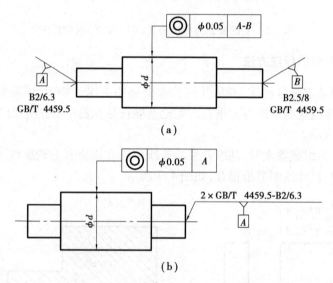

图4.10 基准要素为公共轴线时的标注

 学习准备

图样、制图手册、教材。

 学习过程

1.查阅资料,写出钳工常用刀口直尺的种类、规格及用途。

2.刀口直尺的材质一般有哪些要求? 为什么?

3.解释下列代号的含义,如图 4.11 所示。

图 4.11

4.小组讨论,合理安排工作进度计划,填写表 4.1。

表 4.1　工作进度表

序　号	工作内容	工作要求	开始时间	结束时间	备　注

5.根据小组成员特点,完成工作进度计划中的分工,填表 4.2。

表 4.2　工作进度分工表

小组成员名单	成员特点	小组中的分工	备　注

6.填写刀口直尺加工工艺卡,填写表 4.3。

表 4.3　刀口直尺加工工艺卡

工　序	工　步	操作内容	精度要求	加工余量	主要工量具
钳工加工	划线				
	锯削				
	锉削				
磨削加工	粗磨				
	精磨				
研磨	粗研				
	精研				

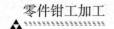

 评价与分析

活动过程评价表

班　级		姓　名		学　号		日　期	年　月　日
序　号	评价要点				配　分	得　分	总　评
1	能说出刀口直尺的种类和规格				10		
2	能说出刀口直尺的用途和材料				10		
3	能识读位置公差符号				15		
4	能填写加工工艺卡				20		
5	能与同学们团结合作				10		
6	能遵守时间,做到不迟到、不早退,中途不离开实训现场				10		
7	能严格遵守"7S"管理要求				10		
8	语言表达能力				5		
9	能及时完成任务				10		
小结建议							

学习活动 4.2　刀口直尺的钳加工

 学习目标

- 能按加工工艺步骤完成刀口角尺各部位的钳加工,并为磨削、研磨留出加工余量。
- 会自评与互评。

 建议学时

6 学时。

学习准备

图样、刀口直尺加工工艺卡、工量具、工件材料。

学习过程

1. 识读刀口尺图样，找出其加工基准。

2. 写出刀口直尺钳加工步骤，并正确加工。

评价与分析

活动过程评价表

班　级		姓　名		学　号		日　期	年 月 日
序　号		评价要点			配　分	得　分	总　评
1		能按图样正确划线			20		
2		能正确写出刀口直尺钳加工的步骤			15		
3		能达到钳加工要求			15		
4		能与同学们团结合作			15		
5		能遵守时间，做到不迟到、不早退，中途不离开实训现场			10		
6		能严格遵守"7S"管理要求			10		
7		语言表达能力			5		
8		能及时完成任务			10		
小结建议							

学习活动 4.3　刀口直尺的磨削加工

 学习目标

- 能按平面磨床的操作规程安全操作平面磨床。
- 能按平面磨床的操作规程操作平面磨床对刀口直尺进行磨削加工。
- 能正确使用测量工具进行测量。
- 能对所使用的量具按要求进行日常保养。
- 会自评与互评。

 建议学时

6 学时。

 知识链接

磨削用量如下：

(1) 磨削速度 v_c

磨削速度 v_c 又称切削速度，即砂轮的圆周速度。它是指砂轮外圆表面上任一磨粒在 1 s 内所通过的路程，即

$$v_c = \frac{\pi D_0 n_0}{1\ 000 \times 60}$$

式中　v_c——磨削速度，m/s；

　　　D_0——砂轮直径，mm；

　　　n_0——砂轮转速，r/min。

(2) 背吃刀量 a_p

对于外圆磨削，背吃刀量又称横向进给量，即工作台每次纵向往复行程终了时，砂轮在横向移动的距离。背吃刀量大，生产率高，但对磨削精度和表面粗糙度不利。通常，粗磨外圆时，$a_p = 0.01 \sim 0.025$ mm；精磨外圆时，$a_p = 0.005 \sim 0.015$ mm。

(3) 纵向进给量 f

外圆磨削时，纵向进给量是指工件每回转一周，沿自身轴线方向相对砂轮移动的距离。

(4) 工件的圆周速度 v_w

圆柱面磨削时，工件待加工表面的线速度，又称工件圆周进给速度，即

$$v_w = \frac{\pi D_w n_w}{1\ 000}$$

式中　v_w——工件的圆周速度，m/min；

　　　D_w——工件直径，mm；

　　　n_w——工件转速，r/min。

学习准备

图样、任务书、教材、工量刃具、磨床。

学习过程

1. 查阅相关资料，了解磨床的基本结构及各部分的功用。磨床基本结构如图 4.12 所示。

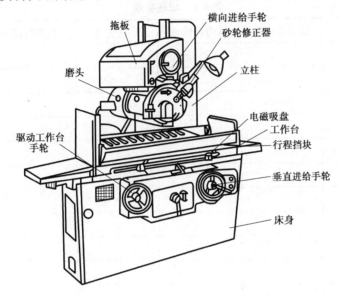

图 4.12　磨床

横向进给手轮作用：

纵向进给手轮作用：

驱动工作台手轮作用：

工作台开关手轮作用：

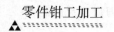
2.查阅相关资料,制订刀口直尺磨削的加工步骤,并正确加工。

3.记录切削过程的切削参数,填写表4.4。

表4.4 切削参数

工 序	背吃刀量	横向进给量	纵向进给量	切削速度	机床转速	砂轮转速

4.记录加工过程中使用到的量具,填写表4.5。

表4.5 加工过程中使用到的量具

工 序	量具名称	量 程	精度等级	图示测量部位	备 注

评价与分析

活动过程评价表

班　级		姓　名		学　号		日　期	年　月　日
序　号		评价要点			配　分	得　分	总　评
1		能说出磨床的种类和加工范围			10		
2		能说出刀口直尺的磨削步骤			20		
3		能正确操作磨床对刀口直尺进行磨削			30		
4		能达到刀口直尺的磨削要求			10		
5		能与同学们团结合作			5		
6		能遵守时间,做到不迟到、不早退,中途不离开实训现场			10		
7		能严格遵守"7S"管理要求			10		
8		能及时完成任务、语言表达能力			5		
小结建议							

学习活动4.4　研具和磨料的选择、刀口直尺的研磨、检测

学习目标

- 能选用合适的研具及磨料。
- 能按研磨工艺的要求对工件进行研磨加工。
- 按检测要求正确要求选用量具,并对工件进行检测。
- 能正确使用测量工具进行测量。
- 能对所使用的量具按要求进行日常保养。
- 会自评与互评。

建议学时

15学时。

知识链接

研磨是使用研具和研磨剂从工件上除去一层极薄的金属,使工件达到精确的尺寸、准确的几何形状和很小的表面粗糙度的加工方法。

4.4.1 研磨的基本原理

研磨是一种微量的金属切削运动,它的基本原理包含着物理和化学的综合作用。

(1)物理作用(磨料对工件的切削作用)

研磨时,要求研具的材料比工件的材料软。当受到一定的压力后研磨剂中的微小颗粒(磨料)被嵌在研具的表面,成为无数个刀刃。由于研具和工件的相对运动,使磨料对工件产生微量的切削与挤压,工件表面被均匀地刮去一层极薄的金属,借助于研具的精确型面,从而使工件逐渐得到准确的尺寸精度及表面粗糙度。

(2)化学作用

当采用氧化铬、硬脂酸或其他化学研磨剂对工件进行研磨时,与空气接触的金属表面很快形成一种氧化膜,而且氧化膜很快又被研磨掉,这就是研磨的化学作用。

4.4.2 研磨的作用

①减小表面粗糙度与其他加工方法相比,经过研磨加工的表面粗糙度最小。一般情况,表面粗糙度 Ra 为 $0.8 \sim 0.05 \ \mu m$,最小可达到 $0.006 \ \mu m$。

②能达到精确的尺寸经过研磨加工的工件,尺寸精度可达 $0.001 \sim 0.005 \ mm$。

③提高零件的几何形状的准确性。工件在一般机械加工方法中产生的形状误差,可通过研磨的方法来校正。

④延长工件的使用寿命。经过研磨加工后的工件,表面粗糙度很小,形状准确,故工件的耐蚀性、抗腐蚀能力和抗疲劳强度也相应得到提高,从而延长了零件的使用寿命。

4.4.3 研磨余量

研磨的切削余量很小,一般每研磨一遍所能磨去的金属层不超过 $0.002 \ mm$,故研磨余量不能太大;否则,会使研磨时间增加,并且研具的使用寿命也要缩短。通常研磨的余量为 $0.005 \sim 0.03 \ mm$ 较适宜。有时,研磨余量就留在工件的公差以内。

4.4.4 研具

研具是研磨过程中保证被研零件几何精度的重要因素,因此对研具的材料、精度和表面粗糙度都有较高的要求。

(1)研具材料

研具的组织结构应细而均匀,要有很高的稳定性和耐磨性,具有较好的嵌存磨料的性能,工作面的硬度应比工件表面硬度稍软。

常用的研具材料如下:

①灰铸铁。

②球墨铸铁。

③软钢。

④铜。

(2)研具类型

生产中需要研磨的工件是多种多样的,不同形状的工件应用不同类型的研具。常用的研具有以下 3 种:

1)研磨平板

研磨平板主要用来研磨平面,如块规、精密量具的测量面等。它分有槽和光滑两种。有槽的用于粗研,研磨时易将工件压平,防止将工件磨成凸起的弧面。精研时,则应在光滑的平板上进行。

2)研磨环

研磨环主要用来研磨外圆柱表面。研磨环的内径通常比工件的外径大 0.025 ~ 0.05 mm。经过一段时间研磨后,研磨环的内径增加,这时可通过拧紧调节螺钉使孔径缩小,以保持所需要的间隙。

3)研磨棒

研磨棒主要用来研磨圆柱孔。它有固定式和可调式两种。

固定式研磨棒制造容易,但磨损后无法补偿,多用于单件研磨或机修中。因此,对工件上某一尺寸孔径的研磨,需要 2 ~ 3 个预先制好的有粗、半粗、精研磨余量的研磨棒来完成。有槽的用于粗研,光滑的用于精研。

可调式研磨棒,因为能在一定的尺寸范围内进行调整,适用于成批生产中工件孔位的研磨,可延长使用寿命,应用较广。

4.4.5　研磨剂

研磨剂是由磨料和研磨液调和而成的混合剂。

(1)磨料

磨料在研磨中起切削作用,研磨工作的效率、精度、表面粗糙度及研磨成本都与磨料有密切的关系。常用的磨料有以下 3 种:

1)氧化物磨料

它有粉状和块状两种。

它主要用于碳素工具钢、合金工具钢、高速钢及铸铁工件的研磨。

2)碳化物磨料

碳化物磨料呈粉状,它的硬度高于氧化物磨料,除了可用于研磨一般的钢铁材料制件外,主要用来研磨硬质合金、陶瓷与硬铬之类的高硬度工件。

3)金刚石磨料

金刚石磨料分为人造和天然两种。

金刚石磨料的切削能力和硬度均高于氧化物磨料和碳化物磨料,且使用效果好。但是,由于价格昂贵,一般只用于对硬质合金、硬铬、宝石、玛瑙及陶瓷等高硬度工件进行精磨加工。

(2)研磨液

研磨液在研磨中起调和磨料、冷却和润滑的作用。研磨液应具备以下条件:

①有一定的黏度和稀释能力。

②有良好的润滑和冷却作用。

③对工件无腐蚀性,并且不影响人体健康。选用研磨液时,首先应考虑不损害操作者的皮肤和健康为主,而且易于清洗干净。

常用的研磨液有煤油、汽油、10 号、20 号机油、工业甘油、透平油及熟猪油。

 学习准备

钳工加工手册、图样、任务书、教材、工量具。

 学习过程

1. 说出研具材料的使用范围。

灰铸铁:

球墨铸铁:

软钢:

紫铜:

2. 说出磨料的种类、磨料的粗细规格。

3. 仔细看图 4.13,分析它们采用了哪种研磨运动? 其研磨运动形式分别是什么?

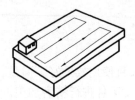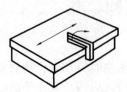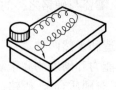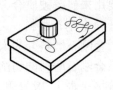

图 4.13　研磨

4. 正确研磨刀口直尺,研磨时有哪些注意事项?

5. 分析研磨产生废品的形式、原因及防止方法,填写表4.6。

表4.6　研磨产生废品的形式、原因及防止方法

废品形式	废品产生的原因	防止方法
表面不光洁		
表面拉毛		
平面成凸形或孔口扩大		
孔呈椭圆形或有锥度		
薄形工件拱曲变形		

6. 查阅相关资料,会下面几种检测方法及工具保养方法。

(1)直线度的检测方法。

(2)表面粗糙度的检测方法。

(3)万能角度尺的使用方法。

(4)万能角度尺的保养方法。

 评价与分析

活动过程评价表

班　级		姓　名		学　号			日　期	年 月 日
序　号		评价要点			配　分	得　分		总　评
1		能说出研具材料的使用范围			10			
2		能运用正确的方法对刀口直尺进行研磨			20			
3		能在实际研磨中把握相关注意事项			20			
4		能对研磨出现的问题进行分析并解决			15			
5		能与同学们团结合作			10			
6		能遵守时间，做到不迟到、不早退，中途不离开实训现场			5			
7		能严格遵守"7S"管理要求			10			
8		能及时完成任务、语言表达能力			10			
小结建议								

学习活动4.5　工作总结、成果展示、经验交流

 学习目标

- 能正确规范撰写总结。
- 能采用多种形式进行成果展示。
- 能有效进行工作反馈与经验交流。

 建议学时

2学时。

 学习准备

课件、展示工件。

学习过程

1. 查阅相关资料,写出工作总结的组成要素。

2. 写出成果展示方案。

3. 写出工作总结和评价。

评价与分析

活动过程自评表

班　级		姓　名		学　号			日　期		年　月　日	
评价指标		评价要素				权　重	A	B	C	D
信息检索		能有效利用网络资源、工作手册查找有效信息				5%				
		能用自己的语言有条理地去解释、表述所学知识				5%				
		能将查找到的信息有效转换到工作中				5%				
感知工作		是否熟悉工作岗位,认同工作价值				5%				
		在工作中,是否获得满足感				5%				
参与状态		与教师、同学之间是否相互尊重、理解、平等				5%				
		与教师、同学之间是否能够保持多向、丰富、适宜的信息交流				5%				
		探究学习,自主学习不流于形式,处理好合作学习和独立思考的关系,做到有效学习				5%				
		能提出有意义的问题或能发表个人见解;能按要求正确操作;能够倾听、协作、分享				5%				

续表

评价指标	评价要素	权　重	A	B	C	D
参与状态	积极参与,在产品加工过程中不断学习,提高综合运用信息技术的能力	5%				
学习方法	工作计划、操作技能是否符合规范要求	5%				
	是否获得了进一步发展的能力	5%				
工作过程	遵守管理规程,操作过程符合现场管理要求	5%				
	平时上课的出勤情况和每天完成工作任务情况	5%				
	善于多角度思考问题,能主动发现、提出有价值的问题	5%				
思维状态	是否能发现问题、提出问题、分析问题、解决问题、创新问题	5%				
自评反馈	按时按质完成工作任务	5%				
	较好地掌握了专业知识点	5%				
	具有较强的信息分析能力和理解能力	5%				
	具有较为全面、严谨的思维能力,并能条理明晰地表述成文	5%				
自评等级						
有益的经验和做法						
总结反思建议						

等级评定:A:好　B:较好　C:一般　D:有待提高

活动过程评价互评表

班　级		姓　名		学　号		日　期		年　月　日	
评价指标		评价要素			权　重	A	B	C	D
信息检索		能有效利用网络资源、工作手册查找有效信息			5%				

评价指标	评价要素	权 重	A	B	C	D
信息检索	能用自己的语言有条理地去解释、表述所学知识	5%				
	能将查找到的信息有效转换到工作中	5%				
感知工作	是否熟悉工作岗位,认同工作价值	5%				
	在工作中,是否获得满足感	5%				
参与状态	与教师、同学之间是否相互尊重、理解、平等	5%				
	与教师、同学之间是否能够保持多向、丰富、适宜的信息交流	5%				
	能处理好合作学习和独立思考的关系,做到有效学习	5%				
	能提出有意义的问题或能发表个人见解;能按要求正确操作;能够倾听、协作、分享	5%				
	积极参与,在产品加工过程中不断学习,综合运用信息技术的能力提高很大	5%				
学习方法	工作计划、操作技能是否符合规范要求	10%				
	是否获得了进一步发展的能力	5%				
工作过程	是否遵守管理规程,操作过程符合现场管理要求	10%				
	平时上课的出勤情况和每天完成工作任务情况	5%				
	是否善于多角度思考问题,能主动发现、提出有价值的问题	5%				
思维状态	是否能发现问题、提出问题、分析问题、解决问题、创新问题	5%				
互评反馈	能严肃、认真地对待互评	10%				
互评等级						
简要评述						

等级评定:A:好 B:较好 C:一般 D:有待提高

活动过程教师评价表

班　级		姓　名		学　号		权　重	评　价
知识策略	知识吸收	能设法记住要学习的内容				3%	
		使用多样性手段,通过网络、技术手册等收集到较多有效信息				3%	
	知识构建	自觉寻求不同工作任务之间的内在联系				3%	
	知识应用	将学习到的内容应用到解决实际问题中				3%	
工作策略	兴趣取向	对课程本身感兴趣,熟悉自己的工作岗位,认同工作价值				3%	
	成就取向	学习的目的是获得高水平的成绩				3%	
	批判性思考	谈到或听到一个推论或结论时,会考虑其他可能的答案				3%	
管理策略	自我管理	若不能很好地理解学习内容,会设法找到该任务相关的其他资讯				3%	
	过程管理	正确回答材料和教师提出的问题				3%	
		能根据提供的材料、工作页和教师指导进行有效学习				3%	
		针对工作任务,能反复查找资料、反复研讨,编制有效工作计划				3%	
		在工作过程中,留有研讨记录				3%	
		团队合作中,主动承担完成任务				3%	
	时间管理	有效组织学习时间和按时按质完成工作任务				3%	
	结果管理	在学习过程中有满足、成功与喜悦等体验,对后续学习更有信心				3%	
		根据研讨内容,对讨论知识、步骤、方法进行合理的修改和应用				3%	
		课后能积极有效地进行学习的自我反思,总结学习的长短之处				3%	
		规范撰写工作小结,能进行经验交流与工作反馈				3%	
过程状态	交往状态	与教师、同学之间交流语言得体,彬彬有礼				3%	
		与教师、同学之间保持多向、丰富、适宜的信息交流和合作				3%	
	思维状态	能用自己的语言有条理地去解释、表述所学知识				3%	
		善于多角度思考问题,能主动提出有价值的问题				3%	
	情绪状态	能自我调控好学习情绪,能随着教学进程或解决问题的全过程而产生不同的情绪变化				3%	

续表

班　级		姓　名		学　号		权　重	评　价
过程状态	生成状态	能总结当堂学习所得,或提出深层次的问题				3%	
	组内合作状态	分工及任务目标明确,并能积极组织或参与小组工作				3%	
		积极参与小组讨论并能充分地表达自己的思想或意见				3%	
	组际总结过程	能采取多种形式,展示本小组的工作成果,并进行交流反馈				3%	
		对其他组学生提出的疑问能作出积极有效的解释				3%	
		认真听取其他组的汇报发言,并能大胆质疑或提出不同意见或更深层次的问题				3%	
	工作总结	规范撰写工作总结				3%	
综合评价		按照"活动过程评价自评表",严肃、认真地对待自评				5%	
		按照"活动过程评价互评表",严肃、认真地对待互评				5%	
总评等级							
				评定人:　　年　　月　　日			

等级评定:A:好　　B:较好　　C:一般　　D:有待提高

 制件评价

一、展示评价

把个人制作好的制件先进行分组展示,再由小组推荐代表作必要的介绍。在展示的过程中,以组为单位进行评价;评价完成后,根据其他组成员对本组展示成果的评价意见进行归纳、总结。主要评价项目如下:

1.展示的产品是否符合技术标准?

合格□　　　　　　不良□　　　　　　返修□　　　　　　报废□

2.与其他组相比,本小组的产品工艺是否合理?

工艺优化□　　　　工艺合理□　　　　工艺一般□

3.本小组介绍成果时,表达是否清晰、合理?

很好□　　　　　　一般,需要补充□　　不清晰□

4.本小组演示产品检测方法时,操作是否正确?

正确□　　　　　　部分正确□　　　　不正确□

5.本小组演示操作时,是否遵循了"7S"的工作要求?

符合工作要求□　　忽略了部分要求□　完全没有遵循□

6.本小组的成员团队创新精神如何?

良好□　　　　　　一般□　　　　　　不足□

7. 总结这次任务,本组是否达到学习目标? 你给予本组的评分是多少? 对本组的建议是什么?

学生：　　　年　月　日

二、教师对展示的作品分别作评价

1. 针对展示过程中各组的优点进行点评。

2. 针对展示过程中各组的缺点进行点评,提出改进方法。

3. 总结整个任务完成中出现的亮点和不足。

三、综合评价

指导教师：　　　　　　　年　月　日

学习任务 **5**

冲模零件的钳工制作

 学习目标

- 会划线、锉削、锯削、钻孔、扩孔、攻螺纹、研磨。
- 会零件简单加工工艺安排。
- 能按要求规范穿戴劳保用品。
- 能看懂图样,能根据毛坯分析出所需去除的余量。
- 能正确使用游标卡尺、刀口直尺、刀口角尺对加工零件进行检测。
- 能对所使用的量具按要求进行日常保养。
- 能根据检测结果与图样进行比较,判别零件是否合格。
- 能培养学生踏实严谨、精益求精的治学态度。
- 能培养学生爱岗敬业、团结协作的工作作风。
- 能培养学生与人沟通的能力。
- 能遵守实训室"7S"管理规定,做到安全文明生产。
- 能写出工作总结并进行作品展示。
- 能按环保要求处理废弃物。

 建议学时

60 学时。

 学习地点

钳工实训一体化教室。

 工作情境描述

冲裁模是在压力的作用下,利用凸凹模刃口对带料进行断裂分离的工艺装备。与传统加工相比,冲裁模具有成本低、效率高等优点。凸模(见图 5.1)、凸模固定板(见图 5.3)、凹模

（见图5.2）及刮料板（见图5.4）等都是冲裁模重要的组成零件。在这个任务中,我们用手工制作这些零件。

零件图

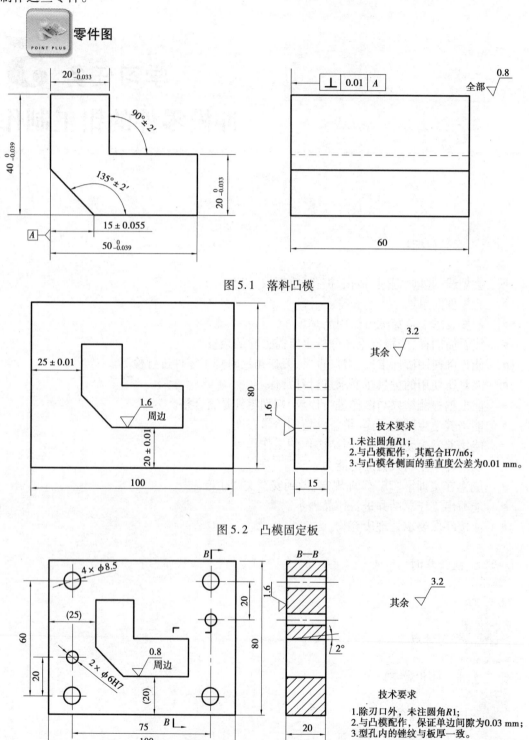

图 5.1　落料凸模

图 5.2　凸模固定板

技术要求
1.未注圆角R1;
2.与凸模配作, 其配合H7/n6;
3.与凸模各侧面的垂直度公差为0.01 mm。

技术要求
1.除刃口外, 未注圆角R1;
2.与凸模配作, 保证单边间隙为0.03 mm;
3.型孔内的锉纹与板厚一致。

图 5.3　凹模

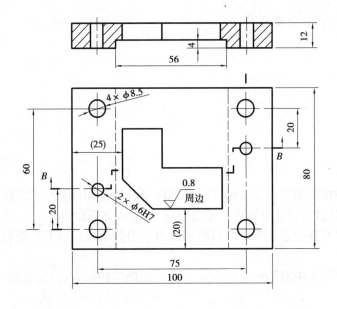

其余 $\sqrt{}$ 3.2

技术要求

1. 除刃口外，未注圆角R1；
2. 与凸模配作，保证配合为H7/h6；
3. 型孔内的锉纹与板厚一致；
4. φ6H7孔与凹模配铰。

图 5.4　刮料板

工作流程与活动

在接受工作任务后，应首先了解工作场地的环境、设备管理要求，穿着符合劳保要求的服装。在老师的指导下，读懂图纸，分析出加工工艺步骤，正确使用工量具，按图样要求，采用划线、锉削、孔加工、攻螺纹、锯削、抛光以及简单的热处理等加工方法。使用游标卡尺、角尺、直尺进行检测，独立完成冲模零件的制作，并能按现场管理规范要求清理场地，归置物品，按环保要求处理废弃物。

- ◆　学习活动5.1　落料凸模的制作（21 学时）
- ◆　学习活动5.2　凸模固定板的制作（15 学时）
- ◆　学习活动5.3　凹模、刮料板的制作（22 学时）
- ◆　学习活动5.4　工作总结、成果展示、经验交流（2 学时）

学习活动 5.1　落料凸模的制作

学习目标

- • 能根据图样要求选好加工基准面。
- • 能正确使用锉削工具去除多余材料。
- • 能正确使用测量工具进行测量，保证基准面标准。
- • 会简单的立体划线。
- • 会使用万能分度头。
- • 会使用万能角度尺。

- 能对所使用的量具按要求进行日常保养。
- 会自评与互评。

建议学时

20 学时。

知识链接

由于冲件的形状和尺寸不同,冲模的加工以及装配工艺等实际条件也不同,因此,在实际生产中使用的凸模结构形式很多。其截面形状有圆形和非圆形;刃口形状有平刃和斜刃等;结构有整体式、镶拼式、阶梯式、直通式及带护套式等。凸模的固定方法有台肩固定、铆接、螺钉和销钉固定、黏结剂浇注法固定等。

下面通过介绍圆形和非圆形凸模、大中型和小孔凸模来分析凸模的结构形式、固定方法、特点及应用场合。

(1)圆形凸模

按模具行业标准规定,圆形凸模有如图 5.5 所示的 3 种形式。

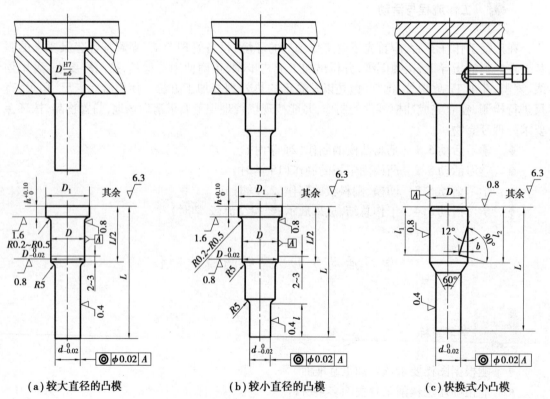

(a)较大直径的凸模　　　　(b)较小直径的凸模　　　　(c)快换式小凸模

图 5.5　圆形凸模

台阶式的凸模强度、刚度较好,装配、修磨方便,其工作部分的尺寸由计算而得;与凸模固定板配合部分按过渡配合(H7/m6 或 H7/n6)制造;最大直径的作用是形成台肩,以便固定,保证工作时凸模不被拉出。

如图5.5(a)所示为用于较大直径的凸模,如图5.5(b)所示为用于较小直径的凸模,它们适用于冲裁力和卸料力较大的场合。如图5.5(c)所示为快换式的小凸模,这种凸模维修、更换较为方便。

(2)非圆形凸模

在实际生产中,广泛应用的非圆形凸模如图5.6所示。如图5.6(a)、(b)所示为台阶式凸模。凡是截面为非圆形的凸模,如果采用台阶式的结构,其固定部分应尽量简化成简单形状的几何截面(圆形或矩形的)。

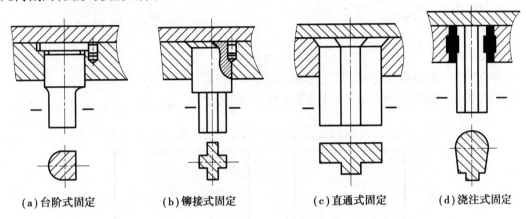

|(a)台阶式固定|(b)铆接式固定|(c)直通式固定|(d)浇注式固定|

图5.6　非圆形凸模

如图5.6(a)所示为凸模用台肩固定,如图5.6(b)所示为凸模用铆接固定,这两种固定方法应用较广。但是,不论是哪一种固定方法,只要工作部分截面是非圆形的,而固定部分是圆形的,都必须在固定端接缝处加防转销。以铆接法固定时,铆接部位的硬度较工作部分要低。

如图5.6(c)所示为直通式凸模。直通式凸模用线切割加工或成形铣、成形磨削加工。截面形状复杂的凸模广泛采用这种结构。

如图5.6(d)所示的凸模用低熔点合金浇注固定。用低熔点合金等黏结剂固定凸模的优点在于:当多凸模冲裁时(如电机定、转子冲槽孔),可简化凸模固定板加工工艺,便于在装配时保证凸模与凹模合理均匀的间隙。此时,凸模固定板上安装凸模的孔的尺寸较凸模大,留有一间隙,以便充填黏结剂。为了黏结得牢靠,在凸模的固定端或固定板相应的孔上应开设一定的槽形。常用的黏结剂有低熔点合金、环氧树脂、无机黏结剂等。各种黏结剂均有一定的配方,也有一定的配制方法,有的在市场上可以直接买到。

用黏结剂浇注固定的方法也可用于凹模、导柱和导套的固定。

(3)大、中型凸模

对于大、中型冲裁凸模,可直接用螺钉、销钉固定。

学习准备

锉刀、游标卡尺、刀口直尺、千分尺、百分表、万能角度尺、万能分度头、教材。

学习过程

引导问题1　落料凸模的制作,如图5.7所示。

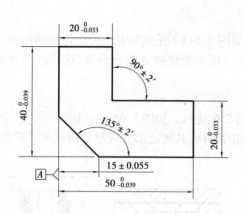
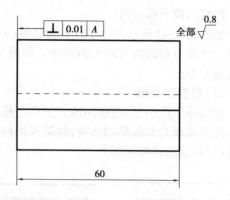

图 5.7 落料凸模

引导问题2 落料凸模的加工工艺步骤,如图5.8所示。

①毛坯准备:如图5.8所示的尺寸准备毛坯,毛坯尺寸_____ ×_____ ×_____。

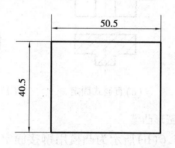
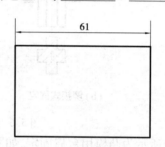

图 5.8 毛坯

②锉削基准面:锉削前后两面和相邻两侧面作为基准面,应达到_____要求。

③划线:按如图5.9所示,在工件的前后两面都划线且打_____。

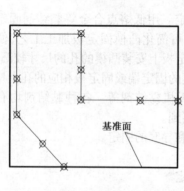

图 5.9 划线

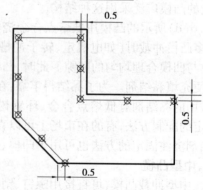

图 5.10 锯削

④锯削:按如图 5.10 所示的锯削,注意不可锯削至划线范围内,且留余量约_____ mm。

⑤粗加工锉削:采用_____的方法对各型面进行粗加工,用游标卡尺测量各尺寸,留余量各边约_____ mm。

⑥精加工锉削:采用_____和_____精加工各型面,以达到精度要求,并用量块、千分尺、百分表测量相关尺寸,最后用油石打磨各表面,以达到表面粗糙度 Ra 值为 0.8 μm。

⑦检查验收:检查各表面有无夹痕、毛刺等缺陷;按图样要求认真检测各尺寸精度是否超标。

表 5.1　零件质量教师专检评分表

姓　名			学　号			产品名称	冲模
班　级						零件名称	落料凸模
名　称	序　号	检测项目	配　分	评分标准	检测结果	扣分	得分
落料凸模	1	$40_{-0.016}^{0}$	10	超差 0.01 扣 5 分			
	2	$20_{-0.033}^{0}$ 两处	20	超差 0.01 扣 5 分			
	3	$50_{-0.039}^{0}$	10	超差 0.01 扣 5 分			
	4	15 ± 0.055	7	超差 0.01 扣 5 分			
	5	$90 \pm 2'$	5	超差不得分			
	6	$135 \pm 2'$	5	超差不得分			
	7	垂直度保证 0.01 mm	6	一面不合格扣 3 分			
	8	60	5	超差 0.01 扣 3 分			
	9	表面锉纹一致	5	不合格不得分			
	10	各锐边无毛刺、无倒角	5	不合格不得分			
	11	Ra 值为 0.8 μm	12	一面不合格扣 3 分			
	12	工量具使用与维护	5	正确、规范使用工量具得 3 分;操作姿势、动作正确得 2 分			
	13	操作安全	5	安全文明生产,违者不得分			
	14	额定工时		15 学时完成。超出时间在 10 min 以内扣 5 分,超出时间在 30 min 以内扣 10 分,超过 30 min 不合格			
其他	违反安全文明生产有关规定,酌情扣 2 ~ 10 分;出现重大安全事故按零分处理						
总　分			教师签名			时　间	

学习活动 5.2 凸模固定板的制作

学习目标

- 会钻排孔的方法。
- 能正确使用锉削工具锉削型孔表面。
- 会使用万能分度头。
- 会使用万能角度尺。
- 能对所使用的量具按要求进行日常保养。
- 会自评与互评。

建议学时

20 学时。

知识链接

凸模固定板是将凸模或凹模按一定相对位置压入、固定后,作为一个整体安装在上模座或下模座上的部件。模具中最常见的是凸模固定板。凸模固定板分为圆形固定板和矩形固定板两种,它主要用于固定小型的凸模和凹模。

凸模固定板的厚度一般取凹模厚度的 0.6～0.8 倍,其平面尺寸可与凹模、卸料板外形尺寸相同,但还应考虑紧固螺钉及销钉的位置。固定板的凸模安装孔与凸模采用过渡配合 H7/m6,H7/n6,压装后将凸模端面与固定板一起磨平。

固定板材料一般采用 Q235 或 45 钢。

学习准备

锉刀、高度游标卡尺、刀口直尺、表分表、整形锉、划线工具、油石、量块、教材。

学习过程

引导问题 1 凸模固定板的制作,如图 5.11 所示。

引导问题 2 凸模固定板的工艺步骤。

①毛坯准备:毛坯尺寸为_____ ×_____ ×_____,要求上下面磨平;认真检查毛坯尺寸,以确定其大小是否符合要求。

②锉削基准面:锉削相邻两侧面作为基准面,以达到_____要求。

③划线:如图 5.12 所示,在工件的前后两面都划线且打_____。

④打排孔(落心):按如图 5.13 所示钻孔,留最小单边余量 0.5 mm,注意两相邻钻孔距离约等于两个钻头直径之和的 70%,最后得到如图 5.14 所示的断面型孔。

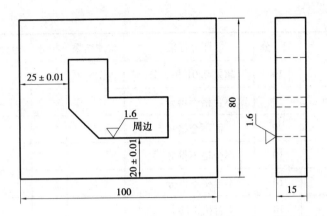

其余 $\sqrt{3.2}$

技术要求
1. 未注圆角 $R1$；
2. 与凸模配作，其配合为 H7/n6；
3. 与凸模各侧面的垂直度公差为 0.01 mm。

图 5.11　凸模固定板

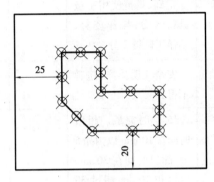

图 5.12　划线

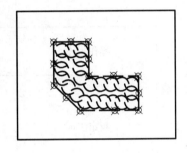

图 5.13　打排孔

⑤粗加工锉削：对型孔的各型面进行_____加工，用游标卡尺测量各尺寸，各边留单边余量 0.1 ~ 0.2 mm。

⑥精加工锉削：与_____配作，在保证过盈配合的情况下，采用细平锉、什锦锉锉削各型孔面，各边留单边余量 0.05 ~ 0.1 mm，并用刀口角尺随时检验各边的_____，最后用油石打磨各表面，以达到表面粗糙度 Ra 值为 1.6 μm。

⑦检查验收：检查各表面有无夹痕、毛刺等缺陷；按图样要求认真检测各尺寸精度是否超差。

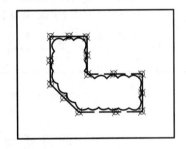

图 5.14　断面型孔

表 5.2　零件质量教师专检评分表

姓　名			学　号			产品名称	冲模	
班　级						零件名称	凸模固定板	
名　称	序　号	检测项目		配　分	评分标准	检测结果	扣分	得分
凸模固定板	1	80		5	超差不得分			
	2	100		5	超差不得分			
	3	20 ± 0.01		10	超差 0.01 扣 5 分			

续表

名　称	序　号	检测项目	配　分	评分标准	检测结果	扣分	得分
凸模 固定板	4	25 ± 0.01	10	超差 0.01 扣 3 分			
	5	表面粗糙度 Ra 值为 1.6 μm	10	不合格不得分			
	6	表面粗糙度 Ra 值为 3.2 μm	20	一面不合格扣 5 分			
	7	型孔内纹向	10	不合格不得分			
	8	未注圆角 $R1$	10	不合格不得分			
	9	各锐边无毛刺	10	不合格不得分			
	10	工量具使用及维护	5	正确、规范使用工量具得 3 分；操作姿势、动作正确得 2 分			
	11	操作安全	5	安全文明生产,违者不得分			
	12	额定工时		15 学时完成。超出时间在 10 min 以内扣 5 分,超出时间在 30 min 以内扣 10 分,超过 30 min 不合格			
其他	违反安全文明生产有关规定,酌情扣 2～10 分;出现重大安全事故按零分处理						
总　分			教师签名		时　间		

学习活动 5.3　凹模、刮料板的制作

学习目标

- 能正确使用锉削工具锉削后配作。
- 会使用万能分度头。
- 会使用万能角度尺。
- 能对所使用的量具按要求进行日常保养。
- 会自评与互评。

建议学时

20 学时。

知识链接

凸模是按照所需产品的形状加工出来的,用于落下产品的外形,或者冲下产品中间的废料;刮料板是为了把落料后的废料或冲孔后的产品从凹模上退下来。

学习准备

锉刀、高度游标卡尺、游标卡尺、划线平台、刀口直尺、表分表、锉刀、整形锉、划线工具、油石、量块、软钳口、教材等。

学习过程

引导问题 1　凹模、刮料板的制作,如图 5.15、图 5.16 所示。

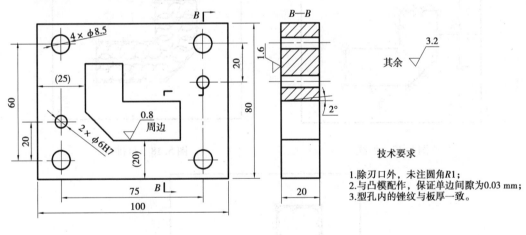

图 5.15　凹模

引导问题 2　凹模、刮料板的工艺步骤。

①毛坯准备:毛坯尺寸分别为 $100 \times 80 \times 13$ 和 $100 \times 80 \times 22$,要求上下面磨平;认真检查毛坯尺寸,以确定其大小是否符合要求。

②锉削基准面:锉削相邻两侧面作为基准面,应达到垂直度要求。

③划线:先准确测量凸模的形状尺寸和相对位置尺寸,然后按如图 5.17 所示在工件的前后两面都划线且打样冲。

④打排孔(落心):按如图 5.18 所示钻孔,留最小单边余量 0.5 mm,注意两相邻钻孔距离约等于两个钻头直径之和的 70%,最后得到如图 5.19 所示的断面型孔。

⑤粗加工锉削:对型孔的各型面进行粗加工,用游标卡尺测量各尺寸,各边留单边余量 0.1 ~ 0.2 mm。

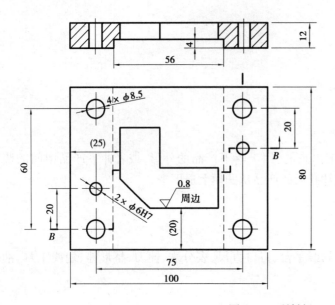

图 5.16　刮料板

其余 ∇ 3.2

技术要求

1.除刃口外，未注圆角R1；
2.与凸模配作，保证配合为H7/h6；
3.型孔内的锉纹与板厚一致；
4.φ6H7孔与凹模配铰。

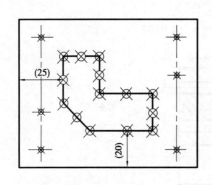

图 5.17　划线

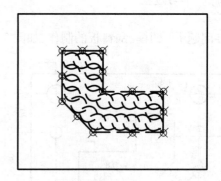

图 5.18　打排孔

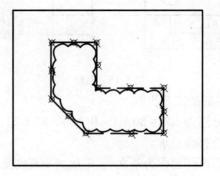

图 5.19　断面型孔

⑥精加工锉削：与凸模配作，在保证过盈配合的情况下，采用细平锉、什锦锉锉削各型孔面，留各单边余量0.05~0.1 mm，并用刀口角尺随时检验各面的垂直度，最后用油石打磨各表面，以达到表面粗糙度 Ra 值为 1.6 μm。

⑦检查验收：检查各表面有无夹痕、毛刺等缺陷；按图要求认真检测各尺寸精度是否超标。

表 5.3　零件质量教师专检评分表

姓名			学　号		产品名称	冲模	
班级					零件名称	凸模	
名　称	序　号	检测项目	配　分	评分标准	检测结果	扣分	得分
凸模	1	$40_{-0.039}^{0}$ mm 配作	10	超差 0.01 扣 5 分			
	2	$20_{-0.033}^{0}$ mm 配作	20	超差 0.01 扣 5 分			
	3	按凸模 $50_{-0.039}^{0}$ mm 配作	10	超差 0.01 扣 5 分			
	4	按凸模 15 ± 0.055 mm 配作	5	超差 0.01 扣 5 分			
	5	按凸模 $90 \pm 2'$ 配作	5	超差不得分			
	6	按凸模 $135 \pm 2'$ 配作	5	超差不得分			
	7	按凸模 ⊥ 0.01 A 四周配作	8	不合格不得分			
	8	60	5	不合格不得分			
	9	表面锉纹一致	5	不合格不得分			
	10	各锐边无毛刺、无倒角	5	不合格不得分			
	11	表面粗糙度 Ra 值为 0.8 μm	12	一面不合格不得分			
	12	工量具使用及维护	5	正确、规范使用工量具得 3 分;操作姿势、动作正确得 2 分			
	13	操作安全	5	安全文明生产,违者不得分			
	14	额定工时		15 学时完成。超出时间在 10 min 以内扣 5 分,超出时间在 30 min 以内扣 10 分,超过 30 min 不合格			
其他	违反安全文明生产有关规定,酌情扣 2~10 分;出现重大安全事故按零分处理						
总　分			教师签名			时　间	

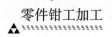

零件钳工加工

表 5.4 零件质量教师专检评分表

姓　名			学　号			产品名称	冲模	
班　级						零件名称	刮料板	
名　称	序　号	检测项目		配　分	评分标准	检测结果	扣分	得分
刮料板	1	按凸模 $40_{-0.039}^{0}$ mm 配作		10	超差 0.01 扣 5 分			
	2	按凸模 $20_{-0.033}^{0}$ mm 配作		20	超差 0.01 扣 5 分			
	3	按凸模 $50_{-0.039}^{0}$ mm 配作		10	超差 0.01 扣 5 分			
	4	按凸模 15 ± 0.055 mm 配作		5	超差 0.01 扣 5 分			
	5	按凸模 $90 \pm 2'$ 配作		5	超差不得分			
	6	按凸模 $135 \pm 2'$ 配作		5	超差不得分			
	7	按凸模 $\perp\boxed{0.01\,A}$ 四周配作		8	不合格不得分			
	8	60		5	不合格不得分			
	9	表面锉纹一致		5	不合格不得分			
	10	各锐边无毛刺、无倒角		5	不合格不得分			
	11	表面粗糙度 Ra 值为 0.8 μm		12	一面不合格不得分			
	12	工量具使用及维护		5	正确、规范使用工量具得 3 分；操作姿势、动作正确得 2 分			
	13	操作安全		5	安全文明生产,违者不得分			
	14	额定工时			15 学时完成。超出时间在 10 min 以内扣 5 分,超出时间在 30 min 以内扣 10 分,超过 30 min 不合格			
其他	违反安全文明生产有关规定,酌情扣 2～10 分;出现重大安全事故按零分处理							
总　分			教师签名				时　间	

学习活动 5.4　工作总结、成果展示、经验交流

学习目标

- 能正确规范撰写总结。
- 能采用多种形式进行成果展示。
- 能有效进行工作反馈与经验交流。

建议学时

2 学时。

学习准备

课件、展示工件。

学习过程

1. 查阅相关资料,写出工作总结的组成要素。

2. 写出成果展示方案。

3. 写出工作总结和评价。

 评价与分析

活动过程自评表

班 级		姓 名		学 号			日 期	年 月 日		
评价指标	评价要素				权 重		A	B	C	D
信息检索	能有效利用网络资源、工作手册查找有效信息				5%					
	能用自己的语言有条理地去解释、表述所学知识				5%					
	能将查找到的信息有效转换到工作中				5%					
感知工作	是否熟悉工作岗位，认同工作价值				5%					
	在工作中，是否获得满足感				5%					
参与状态	与教师、同学之间是否相互尊重、理解、平等				5%					
	与教师、同学之间是否能够保持多向、丰富、适宜的信息交流				5%					
	探究学习，自主学习不流于形式，处理好合作学习和独立思考的关系，做到有效学习				5%					
	能提出有意义的问题或能发表个人见解；能按要求正确操作；能够倾听、协作、分享				5%					
	积极参与，在产品加工过程中不断学习，提高综合运用信息技术的能力				5%					
学习方法	工作计划、操作技能是否符合规范要求				5%					
	是否获得了进一步发展的能力				5%					
工作过程	遵守管理规程，操作过程符合现场管理要求				5%					
	平时上课的出勤情况和每天完成工作的任务情况				5%					
	善于多角度思考问题，能主动发现、提出有价值的问题				5%					
思维状态	是否能发现问题、提出问题、分析问题、解决问题、创新问题				5%					

评价指标	评价要素	权　重	A	B	C	D
自评反馈	按时按质完成工作任务	5%				
	较好地掌握了专业知识点	5%				
	具有较强的信息分析能力和理解能力	5%				
	具有较为全面、严谨的思维能力,并能条理明晰地表述成文	5%				
自评等级						
有益的经验和做法						
总结反思建议						

等级评定:A:好　B:较好　C:一般　D:有待提高

活动过程评价互评表

班　级		姓　名		学　号		日　期		年　月　日	
评价指标	评价要素			权　重	A		B	C	D
信息检索	能有效利用网络资源、工作手册查找有效信息			5%					
	能用自己的语言有条理地去解释、表述所学知识			5%					
	能将查找到的信息有效转换到工作中			5%					
感知工作	是否熟悉工作岗位,认同工作价值			5%					
	在工作中,是否获得满足感			5%					
参与状态	与教师、同学之间是否相互尊重、理解、平等			5%					
	与教师、同学之间是否能够保持多向、丰富、适宜的信息交流			5%					
	能处理好合作学习和独立思考的关系,做到有效学习			5%					

续表

评价指标	评价要素	权重	A	B	C	D
参与状态	能提出有意义的问题或能发表个人见解；能按要求正确操作；能够倾听、协作、分享	5%				
	积极参与,在产品加工过程中不断学习,综合运用信息技术的能力提高很大	5%				
学习方法	工作计划、操作技能是否符合规范要求	10%				
	是否获得了进一步发展的能力	5%				
工作过程	是否遵守管理规程,操作过程符合现场管理要求	10%				
	平时上课的出勤情况和每天完成工作任务情况	5%				
	是否善于多角度思考问题,能主动发现、提出有价值的问题	5%				
思维状态	是否能发现问题、提出问题、分析问题、解决问题、创新问题	5%				
互评反馈	能严肃、认真地对待互评	10%				
互评等级						
简要评述						

等级评定:A:好 B:较好 C:一般 D:有待提高

活动过程教师评价表

班　级		姓　名	学　号	权重	评　价
知识策略	知识吸收	能设法记住要学习的内容		3%	
		使用多样性手段,通过网络、技术手册等收集到较多有效信息		3%	
	知识构建	自觉寻求不同工作任务之间的内在联系		3%	
	知识应用	将学习到的内容应用到解决实际问题中		3%	
工作策略	兴趣取向	对课程本身感兴趣,熟悉自己的工作岗位,认同工作价值		3%	
	成就取向	学习的目的是获得高水平的成绩		3%	
	批判性思考	谈到或听到一个推论或结论时,会考虑其他可能的答案		3%	

续表

班 级		姓 名		学 号		权 重	评 价
管理策略	自我管理	若不能很好地理解学习内容,会设法找到该任务相关的其他资讯				3%	
	过程管理	正确回答材料和教师提出的问题				3%	
		能根据提供的材料、工作页和教师指导进行有效学习				3%	
		针对工作任务,能反复查找资料、反复研讨,编制有效工作计划				3%	
		在工作过程中,留有研讨记录				3%	
		团队合作中,主动承担完成任务				3%	
	时间管理	有效组织学习时间和按时按质完成工作任务				3%	
	结果管理	在学习过程中有满足、成功与喜悦等体验,对后续学习更有信心				3%	
		根据研讨内容,对讨论知识、步骤、方法进行合理的修改和应用				3%	
		课后能积极有效地进行学习的自我反思,总结学习的长短之处				3%	
		规范撰写工作小结,能进行经验交流与工作反馈				3%	
过程状态	交往状态	与教师、同学之间交流语言得体,彬彬有礼				3%	
		与教师、同学之间保持多向、丰富、适宜的信息交流与合作				3%	
	思维状态	能用自己的语言有条理地去解释、表述所学知识				3%	
		善于多角度思考问题,能主动提出有价值的问题				3%	
	情绪状态	能自我调控好学习情绪,能随着教学进程或解决问题的全过程而产生不同的情绪变化				3%	
	生成状态	能总结当堂学习所得,或提出深层次的问题				3%	
	组内合作状态	分工及任务目标明确,并能积极组织或参与小组工作				3%	
		积极参与小组讨论并能充分地表达自己的思想或意见				3%	
	组际总结过程	能采取多种形式,展示本小组的工作成果,并进行交流反馈				3%	
		对其他组学生提出的疑问能作出积极有效的解释				3%	
		认真听取其他组的汇报发言,并能大胆质疑或提出不同意见或更深层次的问题				3%	
	工作总结	规范撰写工作总结				3%	
综合评价		按照"活动过程评价自评表",严肃、认真地对待自评				5%	
		按照"活动过程评价互评表",严肃、认真地对待互评				5%	
总评等级							
				评定人:	年 月 日		

等级评定:A:好 B:较好 C:一般 D:有待提高

 **制件评价**

一、展示评价

把个人制作好的制件先进行分组展示,再由小组推荐代表作必要的介绍。在展示的过程中,以组为单位进行评价;评价完成后,根据其他组成员对本组展示成果的评价意见进行归纳、总结。主要评价项目如下:

1. 展示的产品是否符合技术标准?

合格□　　　　　　不良□　　　　　返修□　　　　　报废□

2. 与其他组相比,本小组的产品工艺是否合理?

工艺优化□　　　　工艺合理□　　　　工艺一般□

3. 本小组介绍成果时,表达是否清晰、合理?

很好□　　　　　　一般,需要补充□　　不清晰□

4. 本小组演示产品检测方法时,操作是否正确?

正确□　　　　　　部分正确□　　　　不正确□

5. 本小组演示操作时,是否遵循了"7S"的工作要求?

符合工作要求□　　忽略了部分要求□　完全没有遵循□

6. 本小组的成员团队创新精神如何?

良好□　　　　　　一般□　　　　　　不足□

7. 总结这次任务,本组是否达到学习目标? 你给予本组的评分是多少? 对本组的建议是什么?

学生:　　　　　　　　年　　月　　日

二、教师对展示的作品分别作评价

1. 针对展示过程中各组的优点进行点评。

2. 针对展示过程中各组的缺点进行点评,提出改进方法。

3. 总结整个任务完成中出现的亮点和不足。

三、综合评价

指导教师:　　　　　　　　　　年　　月　　日

学习任务 **6**

塑料模零件的钳工制作

学习目标

- 会锉削、划线、抛光和钻铰孔配作。
- 能说出型芯、滑块、型腔、固定板、流道、斜导柱孔等典型零件的加工工艺。
- 能保证零件精度要求。
- 能按要求规范穿戴劳保用品。
- 能看懂图样,能根据毛坯分析出所需去除的余量。
- 能正确使用游标卡尺、刀口直尺、刀口角尺对加工零件进行检测。
- 能对所使用的量具按要求进行日常保养。
- 能根据检测结果与图样进行比较,判别零件是否合格。
- 能培养学生踏实严谨、精益求精的治学态度。
- 能培养学生爱岗敬业、团结协作的工作作风。
- 能培养学生与人沟通的能力。
- 能遵守实训室"7S"管理规定,做到安全文明生产。
- 能写出工作总结并进行作品展示。
- 能按环保要求处理废弃物。

建议学时

62 学时。

学习地点

钳工实训一体化教室。

工作情境描述

塑料模是在压力的作用下,利用熔融状态的塑料液体充满型腔,冷却固化后得到制件的工艺装备。与冲模相比,塑料模的加工相对比较复杂,其精度要求较高,更多的是靠高精密的设备加工来保证。本项目通过制作型芯(见图6.1)、滑块(见图6.2)、型腔(见图6.3)、定模板(见图6.4)、固定板(见图6.5)、动模板(见图6.6)、流道及斜导柱孔等典型零件来说明常见加工工艺方法,并介绍了塑料模的常见结构、计算方法和特殊的加工设备,同时巩固了钳工操作部分锉削、划线、抛光和钻铰孔配作的相关工艺知识和操作技能。

 零件图

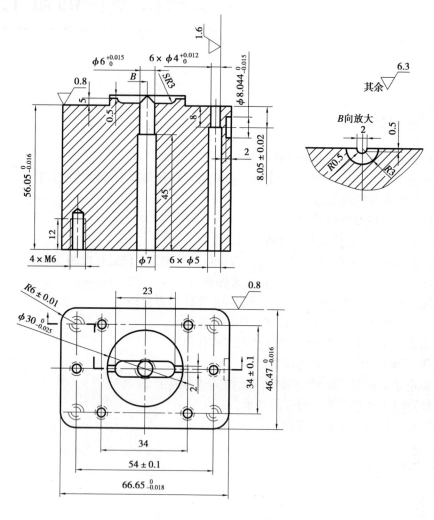

图6.1　型芯零件图

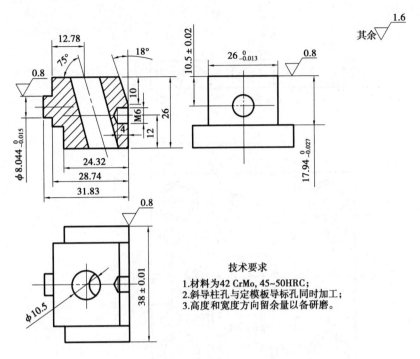

图 6.2　侧抽芯滑块

技术要求
1.材料为42 CrMo，45～50HRC；
2.斜导柱孔与定模板导标孔同时加工；
3.高度和宽度方向留余量以备研磨。

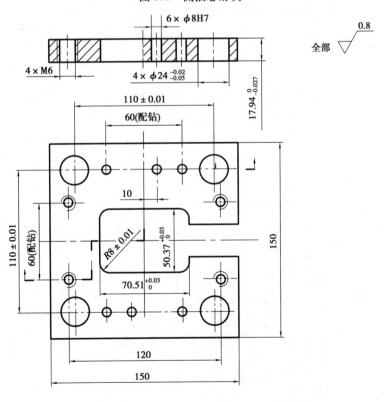

图 6.3　型腔板

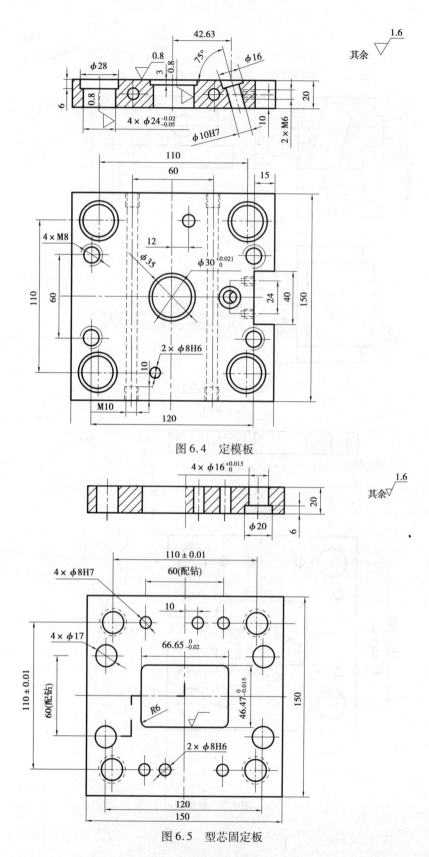

图 6.4　定模板

图 6.5　型芯固定板

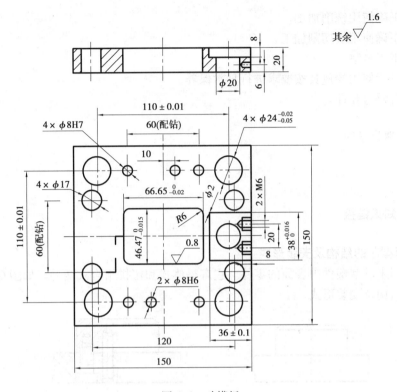

图 6.6　动模板

 工作流程与活动

　　在接受工作任务后,应首先了解工作场地的环境、设备管理要求,穿着符合劳保要求的服装。在老师的指导下,读懂图纸,分析出加工工艺步骤,正确使用工量具,按图样要求,采用划线、锉削、孔加工、攻螺纹、锯削、抛光、铣削线切割加工以及简单的热处理等加工方法。使用游标卡尺、角尺、直尺进行检测,独立完成塑料模零件的制作,并能按现场管理规范要求清理场地,归置物品,按环保要求处理废弃物。

◆　学习活动 6.1　型芯的制作(15 学时)
◆　学习活动 6.2　侧抽芯滑块的制作(15 学时)
◆　学习活动 6.3　型腔板的制作(15 学时)
◆　学习活动 6.4　各类固定板的制作(15 学时)
◆　学习活动 6.5　工作总结、成果展示、经验交流(2 学时)

学习活动 6.1　型芯的制作

 **学习目标**

●　能根据图样要求选好加工基准面。

119

- 能正确使用铣削加工。
- 能正确使用线切割加工。
- 会钳工修整。
- 能对所使用的量具按要求进行日常保养。
- 会自评与互评。

建议学时

15 学时。

知识链接

（1）普通型芯的结构及安装形式

型芯是用来成型塑件内表面的零件。它有整体式和镶拼组合式两种。如图 6.7 所示为大直径型芯的结构及安装形式。

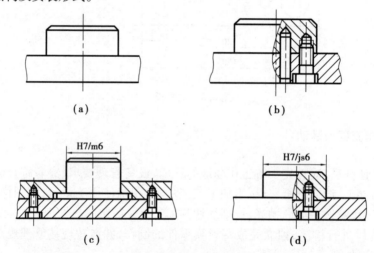

图 6.7　大直径型芯的结构

如图 6.8 所示为小型芯的结构及安装形式。

在型芯相距很近使固定台肩发生干涉时，可削去干涉部分。固定台阶孔也可加工为畅通的大孔，如图 6.9 所示。

在型芯较少或型芯聚集分布时，可采取设局部支承板的形式，以节省加工，如图 6.10 所示。

（2）异形型芯的结构和安装形式

如图 6.11 所示为异形型芯的结构及固定形式。

为了减少加工，可将异形型芯的下段部分做成圆形，如图 6.12 所示。

如图 6.13 所示为矩形槽整体加工法和分解加工法。

（3）螺纹型芯和螺纹型环的结构

螺纹型芯和螺纹型环分别用来成型塑件内螺纹和外螺纹。它主要有移动式螺纹型芯和移动式螺纹型环。

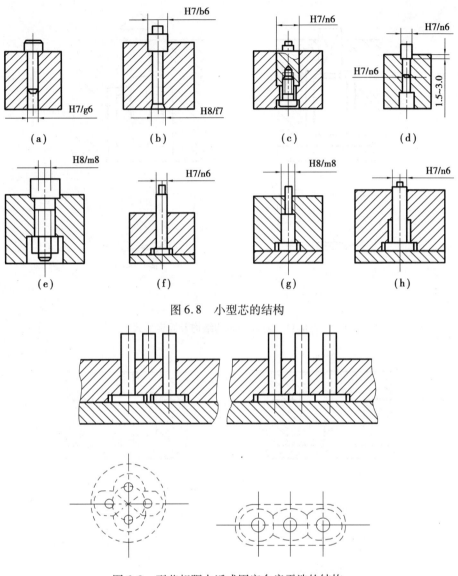

图 6.8 小型芯的结构

图 6.9 型芯相距太近或固定台肩干涉的结构

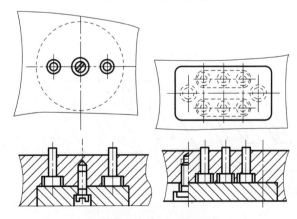

图 6.10 局部支承板形式

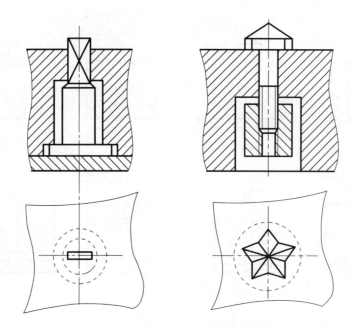

图 6.11 异形型芯的结构及固定形式

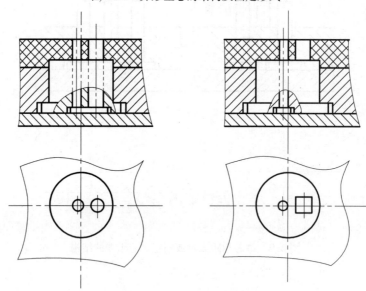

图 6.12 异形型芯下半部分

(a)整体加工   (b)分解加工

图 6.13 异形型芯的加工

1)移动式螺纹型芯

如图6.14所示为安装于定模或下模内的螺纹型芯结构。

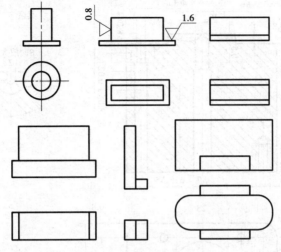

图6.14　移动式螺纹型芯

2)移动式螺纹型环

移动式螺纹型环有整体式和瓣合式两种类型,如图6.15所示。

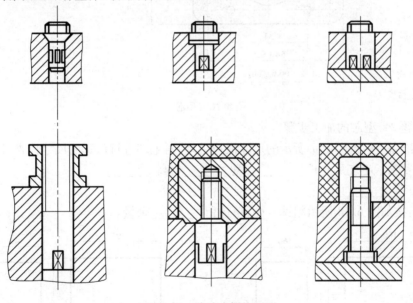

图6.15　移动式螺纹型环

学习准备

铣床、高度游标卡尺、钻头、丝锥、油石、抛光膏、整形锉、教材。

学习过程

引导问题1　型芯加工,如图6.16所示。

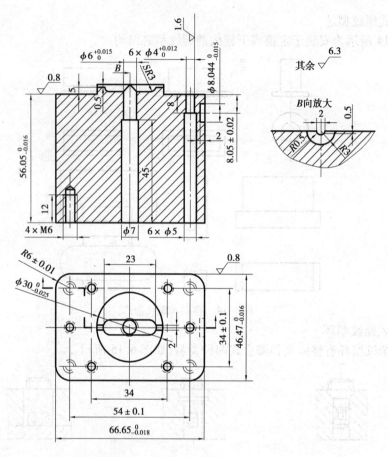

图 6.16　型芯

引导问题 2　型芯的加工步骤。

①毛坯准备:按如图 6.17 所示的尺寸锻造毛坯,对毛坯进行认真的尺寸检查,以确定其大小符合图样要求。毛坯尺寸长_____,宽_____,高_____。

②热处理:_____。

③铣削:按如图 6.18 所示粗铣六面,单边留_____余量。

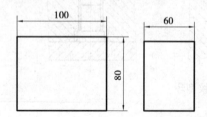

图 6.17　型芯毛坯

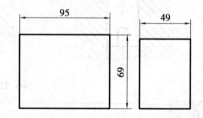

图 6.18　粗铣六面

④粗铣削及钻孔:如图 6.19 所示,按以下过程进行:

a.在机床工作台上找正并夹紧工件,伸出部分应大于_____。

b.加工四周外形和圆角达到尺寸要求。

c.铣削上表面凸台及成形面尺寸。

d.钻、铰拉料杆孔和推料杆孔。

124

e.铣分流道。

⑤线切割:用线切割机床在工件四周切除余料,在高度方向留_____余量。

⑥精铣削:如图6.20所示。

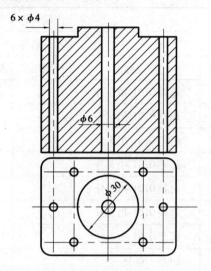

图6.19　粗铣削及钻孔

图6.20　精铣削及扩孔

a.精铣工件底面,保证总高度尺寸。

b.扩孔:扩大_____孔和_____孔尺寸。

⑦粗、精铣侧面孔:利用_____铣床粗铣、精铣侧面孔,如图6.21所示。

⑧钳工:在_____上钻内螺纹底孔,攻螺纹4×M6,如图6.22所示。

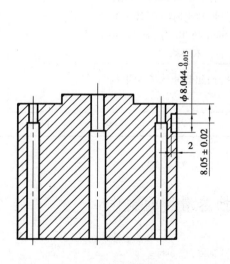

图6.21　加工侧面孔

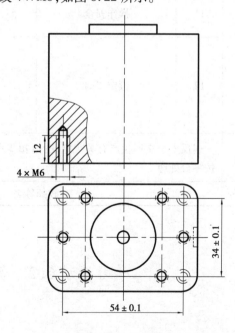

图6.22　钻螺孔

⑨钳工:精修切削残留的过渡圆角尺寸。

⑩热处理:硬度达到45~50_____。

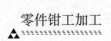

⑪抛光：成形表面抛光处理，应达到表面粗糙度的要求。

⑫检验：检测各型面和尺寸是否符合图样要求。

表6.1　零件质量教师专检评分表

姓　名			学　号			产品名称		塑料模
班　级						零件名称		型芯
名　称	序　号	检测项目		配　分	评分标准	检测结果	扣分	得分
型芯	1	$56.05\,_{-0.016}^{0}$		10	超差0.01扣5分			
	2	$66.65\,_{-0.018}^{0}$		10	超差0.01扣5分			
	3	$46.47\,_{-0.016}^{0}$		10	超差0.01扣5分			
	4	$R6\pm0.01$		10	超差0.01扣5分			
	5	$\phi30\,_{-0.025}^{0}$		10	超差0.01扣5分			
	6	$\phi8.044\,_{-0.015}^{0}$		10	超差0.01扣5分			
	7	8.05 ± 0.02		10	超差0.01扣3分			
	8	分流道各尺寸		10	超差不得分			
	9	钻攻螺纹		10	不合格不得分			
	10	工量具使用及维护		5	正确、规范使用工量具得3分；操作姿势、动作正确得2分			
	11	操作安全		5	安全文明生产，违者不得分			
	12	额定工时			15学时完成。超出时间在10 min以内扣5分，超出时间在10~30 min扣10分，超过30 min不合格			
其他		违反安全文明生产有关规定，酌情扣2~10分；出现重大安全事故按零分处理						
总　分			教师签名			时　间		

学习活动6.2　侧抽芯滑块的制作

学习目标

• 　能根据图样要求选好加工基准面。

- 能正确使用铣削加工。
- 能正确使用车削加工。
- 会钳工修整。
- 能对所使用的量具按要求进行日常保养。
- 会自评与互评。

建议学时

15 学时。

知识链接

侧抽芯滑块的结构如图6.23所示。

当塑件上具有内外孔或者内侧、外侧的凹槽时,塑件不直接从模具中脱出。此时,需要将成型塑件的孔或侧面凹槽做成活动的模具零件,在模具开合模处从分型方向的侧面抽出,这种零件称为侧型芯(也称为活动型芯);其原理是在塑件脱模前先将侧型芯从塑件上抽出,再从模具中推出塑件。能完成侧型芯抽出和复位的机构称为侧抽芯机构,如图6.23所示。侧型芯的结构有镶拼式和整体式两种。

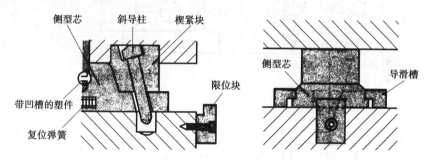

图6.23 侧抽芯结构

(1)镶拼式结构

型芯部分尺寸较大而形状较复杂时,采用镶拼式结构,如图6.24所示。其优点是型芯损坏时易于更换。

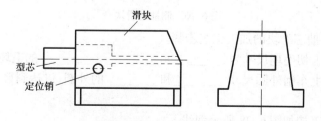

图6.24 镶拼式结构

(2)整体式结构

整体式结构是抽芯、侧型芯与滑块合为一体的结构,如图6.25所示。其优点是型芯形状简单,便于加工。

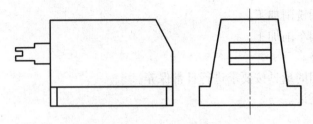

图 6.25　整体式结构

学习准备

铣床、车床、游标卡尺、钻头、丝锥、油石、抛光膏、整形锉、教材。

学习过程

引导问题 1　侧抽芯的制作,如图 6.26 所示。

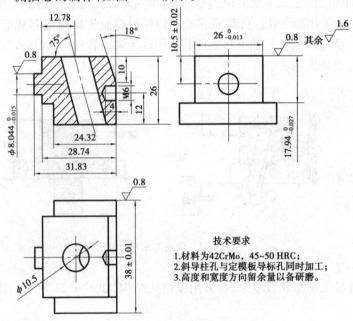

图 6.26　侧抽芯滑块

引导问题 2　侧抽芯滑块的加工工艺步骤。

①备料:在锯床上切毛坯尺寸为_____×_____×_____的毛坯。

②车削:在车床上车削外圆尺寸_____和_____的外圆,以达到尺寸要求,如图 6.27 所示。

③钳工划线:钳工按如图 6.28 所示划线。

④铣削:在铣床工作台上以_____外圆为基准找正并夹紧工件,加工四周外形尺寸,留单边余量_____mm,如图 6.29 所示。

⑤钳工划线:按如图 6.30 所示划线。

⑥铣削:在铣床工作台上以 φ8 外圆为基准找正并夹紧工件。加工两端面外形尺寸,留单

边余量 0.4 mm,如图 6.31 所示。

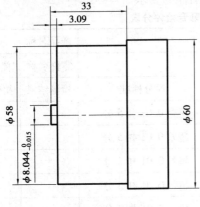

图 6.27　车削

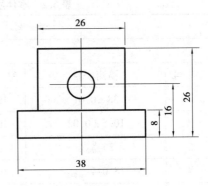

图 6.28　划线

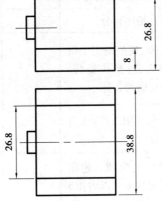

图 6.29　铣削

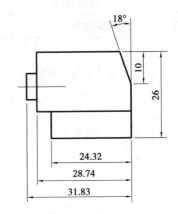

图 6.30　划线

⑦钳工:在钻床上钻孔、攻螺孔_____,如图 6.32 所示。

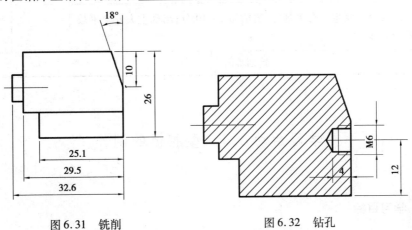

图 6.31　铣削　　　　　　　　　　　图 6.32　钻孔

⑧钳工:修锉工件毛刺。

⑨热处理:45～50_____。

⑩磨削:在手动_____上精磨各表面尺寸,应达到图样要求。

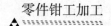
⑪抛光:对_____进行抛光,应保证表面粗糙度的要求。

⑫检验:对工件进行尺寸及精度检测,应符合图样的要求。

表6.2　零件质量教师专检评分表

姓　名			学　号			产品名称	塑料模	
班　级						零件名称	侧抽芯滑块	
名　称	序　号	检测项目		配　分	评分标准	检测结果	扣分	得分
侧抽芯滑块	1	38 ± 0.01		10	超差0.01扣5分			
	2	10.5 ± 0.02		10	超差0.01扣5分			
	3	$26_{-0.013}^{0}$		10	超差0.01扣5分			
	4	$\phi8.044_{-0.015}^{0}$		10	超差0.01扣5分			
	5	8.05 ± 0.02		10	超差0.01扣5分			
	6	导柱孔		30	配作,超差不得分			
	7	钻攻螺纹		10	不合格不得分			
	8	工量具使用及维护		5	正确、规范使用工量具得3分;操作姿势、动作正确得2分			
	9	操作安全		5	安全文明生产,违者不得分			
	10	额定工时			15学时完成。超出时间在10 min以内扣5分,超出时间在10~30 min扣10分,超过30 min不合格			
其他	违反安全文明生产有关规定,酌情扣2~10分;出现重大安全事故按零分处理							
总　分			教师签名			时　间		

学习活动6.3　型腔板的制作

学习目标

- 能根据图样要求选好加工基准面。
- 能正确使用钻削加工。
- 能正确使用铰刀加工。

- 会钳工修整。
- 能对所使用的量具按要求进行日常保养。
- 会自评与互评。

建议学时

15 学时。

知识链接

型腔的基本形式有 5 种。如图 6.33（a）所示为形成壳体的一般形式。定模为凹模，动模为型芯（或称凸模）。如图 6.33（b）所示为形成有侧孔（或侧陷槽）的壳体的一般形式。除凸、凹模外，还有从侧面抽拔的孔芯；如图 6.33（c）所示为形成中腰上有凸缘的壳体的一般形式，凸缘在推板上形成；如图 6.33（d）所示为形成上下两端有凸缘的中空体的一般形式，凸缘由左右分开的瓣合块成型；如图 6.33（e）所示为形成有双向凸凹的塑件的一般形式，双向凸凹由顶模和动模同时形成。型腔构成的要点是：使塑件开模后留在动模一侧。因此，如图 6.33（e）所示的结构，必须考虑把脱模阻力大的一侧做在动模上。

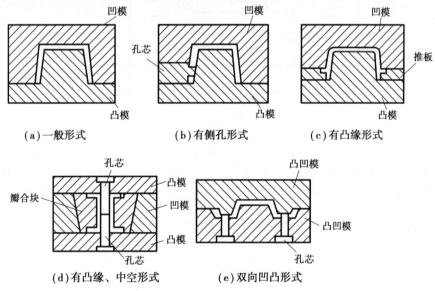

图 6.33　型腔的基本结构

学习准备

铣床、车床、游标卡尺、钻头、丝锥、油石、抛光膏、整形锉、教材。

学习过程

引导问题 1　型腔板的制作，如图 6.34 所示。
引导问题 2　型腔板加工工艺步骤。

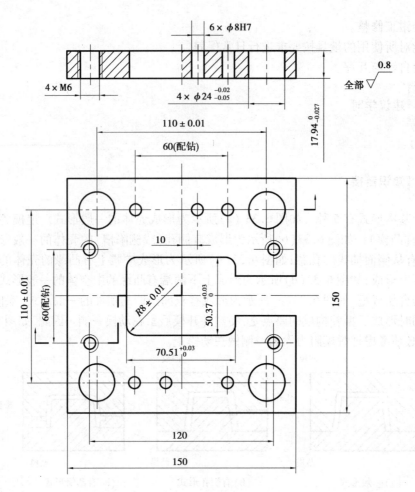

图 6.34　型腔板

①毛坯准备：采用标准模板_____×_____×_____，可选用龙记模架等。

②钳工划线：在平台上划出如图 6.35 所示的相交线，并在_____处打样冲。

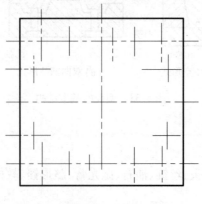

图 6.35　划线

③钻、铰孔：

a.将型腔板和学习活动 4 用到的定模板、型芯固定板、动模座板叠加组合，找正外侧基准，用平行压板夹紧，如图 6.36 所示。

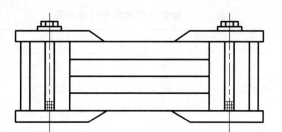

图6.36　夹紧

b.钻、铰4个φ16的导柱孔。

c.拆卸型芯固定板后,将其余3块板重新装夹,钻、铰_____的导套孔,如图6.37所示。

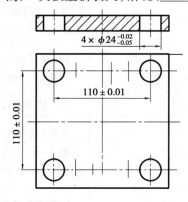

图6.37　钻、铰导套孔

④钻、铰工艺孔:因后序工序的线切割需要穿丝孔,故在型腔板中心钻、铰孔,如图6.38所示。

⑤热处理:热处理后的硬度应达_____HRC。

⑥线切割:在线切割机床上,首先加工_____,然后再加工侧滑槽,如图6.39所示。

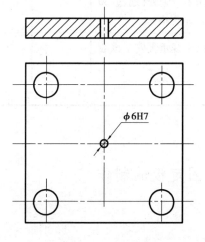

图6.38　钻、铰工艺孔

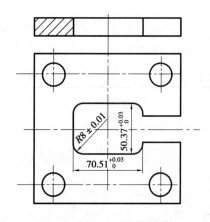

图6.39　线切割加工型腔

⑦钳工修锉:精修各尺寸,使之达到图样要求。

⑧检验:检查各尺寸和表面粗糙度是否符合图样要求。

表 6.3　零件质量教师专检评分表

姓　名			学　号			产品名称	塑料模	
班　级						零件名称	型腔板	
名　称	序　号	检测项目		配　分	评分标准	检测结果	扣分	得分
型腔板	1	$\phi24^{-0.02}_{-0.05}$		20	4 个孔,钻铰一个合格得 5 分			
	2	工艺孔		5	线切割工艺孔合格得 5 分			
	3	线切割型腔		35	各尺寸超差 0.01 扣 5 分			
	4	配作		20	4 块板重叠装夹配作导柱孔,不合格不得分			
	5	各锐边无毛刺		10	不合格不得分			
	6	工量具使用及维护		5	正确、规范使用工量具得 3 分;操作姿势、动作正确得 2 分			
	7	操作安全		5	安全文明生产,违者不得分			
	8	额定工时			15 学时完成。超出时间在 10 min 以内扣 5 分,超出时间在 10 ~ 30 min 扣 10 分,超过 30 min 不合格			
其他	违反安全文明生产有关规定,酌情扣 2 ~ 10 分;出现重大安全事故按零分处理							
总　分			教师签名				时　间	

学习活动 6.4　各类固定板的制作

学习目标

- 能根据图样要求选好加工基准面。
- 能正确使用钻削加工。

- 能正确使用铰刀加工。
- 会钳工修整。
- 会使用数控铣床。
- 会使用线切割机床。
- 能对所使用的量具按要求进行日常保养。
- 会自评与互评。

建议学时

15 学时。

知识链接

(1)整体式凹模

直接在一整块材料上加工而成的凹模即为整体式凹模,如图 6.40 所示。其特点是牢固,不易变形,成型出的塑件表面不会有模具接缝痕迹。

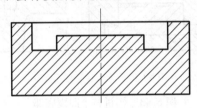

图 6.40　整体式凹模

(2)整体嵌入式凹模

将凹模做成整体式,再嵌入模具的模板内,称为整体嵌入式凹模,如图 6.41 所示。它常用镶件安装的形式来实现。其特点如下:

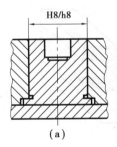
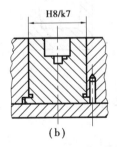
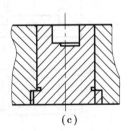

(a)　　　　　　　(b)　　　　　　　(c)

图 6.41　整体嵌入式凹模

①加工单个型腔的凹模比较方便。

②节省贵重钢材。

③易于维修、更换。

④各型腔凹模单独加工利于缩短制模周期。

(3)局部镶嵌式凹模

为了便于加工或更换易损部件,应采取如图 6.42 所示的局部镶嵌式结构。

135

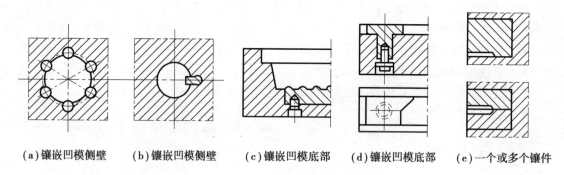

（a）镶嵌凹模侧壁　　（b）镶嵌凹模侧壁　　（c）镶嵌凹模底部　　（d）镶嵌凹模底部　　（e）一个或多个镶件

图 6.42　局部镶嵌式凹模

（4）大面积镶嵌组合式凹模

为了便于机械加工、研磨、抛光和热处理，将凹模由几部分镶嵌组合而成的结构。最常见的是镶拼整个凹模底部，如图 6.43 所示。

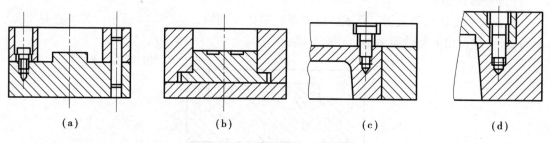

（a）　　　　　　　（b）　　　　　　　（c）　　　　　　　（d）

图 6.43　镶拼整个凹模底部

（5）四壁拼合的组合式凹模

对于大型和形状复杂的凹模，可把它的四壁及底分别加工，经研磨之后镶入模套内，如图 6.44 所示。

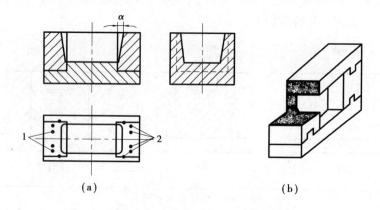

（a）　　　　　　　　　　　（b）

图 6.44　四壁拼合的组合式凹模

 学习准备

数控铣床、钻床、线切割机床、游标卡尺、钻头、丝锥、油石、抛光膏、整形锉、平行压板、教材。

136

 学习过程

引导问题1　定模板的制作,如图6.45所示。

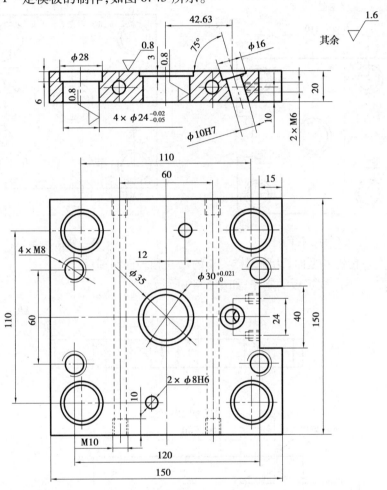

图6.45　定模板

引导问题2　定模板加工工艺步骤

①备料:采用标准模板_____×_____×_____。

②钳工划线:在平台上划出_____螺孔位置、锁紧块凹槽位置、冷却水道位置及斜导柱孔的位置线,如图6.46所示。

③数控铣削:在数控铣床上精铣_____和_____,如图6.47所示。

④钻孔、攻螺纹:如图6.48所示。

a.在普通钻床上钻孔和攻螺纹_____、_____。

b.在钻铣床或摇臂钻床上用加长钻头对称钻冷却水孔,攻螺纹_____。

⑤热处理:热处理后硬度应达到45~50_____。

图6.46　划线

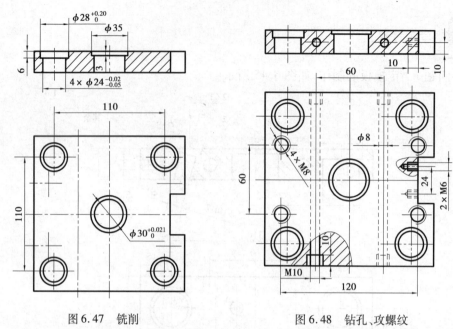

图 6.47　铣削　　　　　　　图 6.48　钻孔、攻螺纹

⑥_____:精锉各型面,达到图样要求的尺寸和表面粗糙度。

引导问题 3　型芯固定板的制作,如图 6.49 所示。

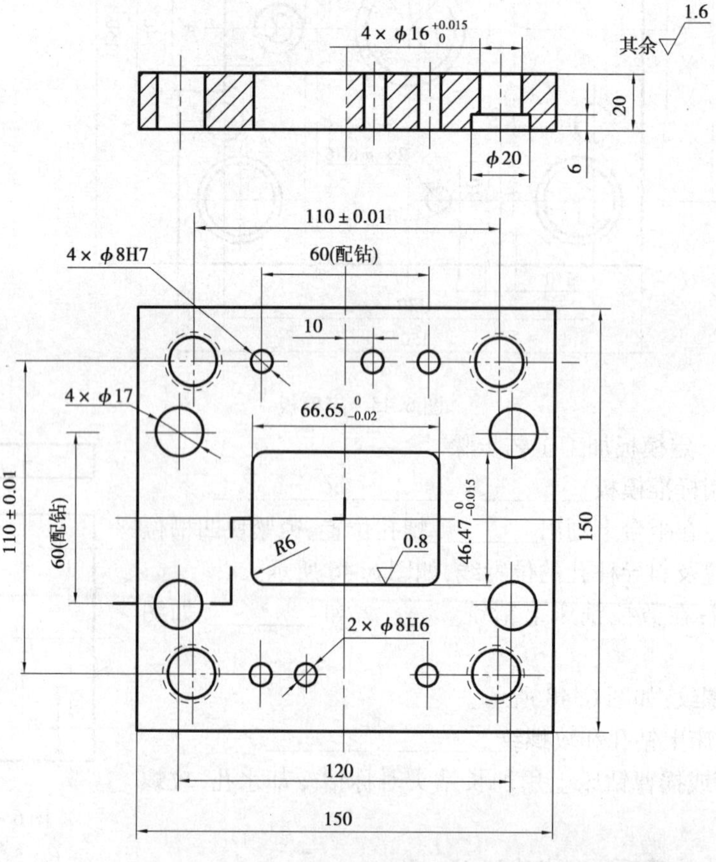

图 6.49　型芯固定板

引导问题4　型芯固定板的加工工艺步骤。

①备料:采用标准模板_____×_____×20,如图6.49所示。

②钳工装配打工艺孔。注意:导柱孔、导套孔已经在型腔板加工时配作完成。

a.将_____装入动模板,_____装入型芯固定板。

b.将型芯固定板和_____利用导柱、导套定位组装,构成型芯固定板组件,如图6.50所示。

c.在组件中心钻、铰工艺孔(穿丝孔)。

③线切割:在线切割机床上加工出型芯固定板组件的_____,如图6.51所示。

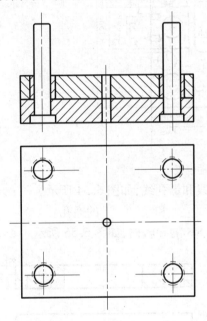

图6.50　型芯固定板组件

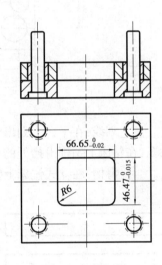

图6.51　线切割

④钻、铰孔:拆卸组件,在_____上配作其他钻、铰孔,如图6.52所示。

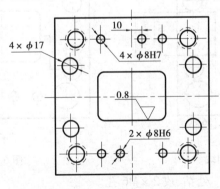

图6.52　钻、铰孔

引导问题5　动模板的制作,如图6.53所示。

引导问题6　动模板的加工工艺步骤。

①备料:采用标准模板$150 \times 150 \times 20$,制造如图6.53所示的动模板零件。

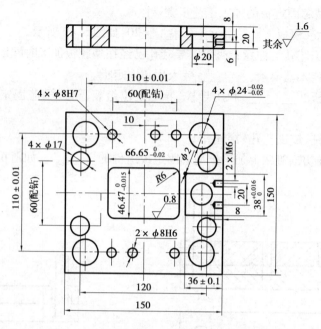

图 6.53　动模板

② _____ 划线:在平台上划出滑槽的位置线和螺孔线,如图 6.54 所示。

③钻孔:在钻床上钻削滑槽处的工艺盲孔 _____ 和 _____ 的通孔。

④ _____ 滑槽:在立式铣床上铣削 38×36×8 的导轨槽,如图 6.55 所示。

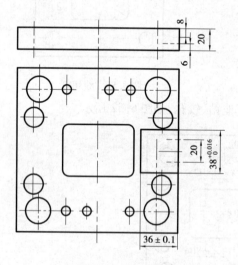

图 6.54　划线

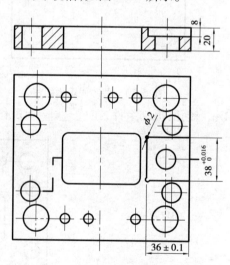

图 6.55　铣槽

⑤钻孔、攻丝:在 _____ 处钻、攻 2×M6 孔。

⑥钳工精修:精修导轨槽,并抛光。

表 6.4　零件质量教师专检评分表

姓 名				学 号			产品名称	塑料模
班 级							零件名称	型腔板
名 称	序 号	检测项目	配 分		评分标准		检测结果	扣分	得分
型腔板	1	各类钻铰孔	20		钻铰一个合格得 5 分				
	2	工艺孔	5		线切割工艺孔合格得 5 分				
	3	线切割型腔	35		各尺寸超差 0.01 扣 5 分				
	4	配作	20		4 块板重叠装夹配作导柱孔,不合格不得分				
	5	各锐边无毛刺	10		不合格不得分				
	6	工量具使用及维护	5		正确、规范使用工量具得 3 分;操作姿势、动作正确得 2 分				
	7	操作安全	5		安全文明生产,违者不得分				
	8	额定工时			15 学时完成。超出时间在 10 min 以内扣 5 分,超出时间在 10 ~ 30 min 扣 10 分,超过 30 min 不合格				
其他	违反安全文明生产有关规定,酌情扣 2 ~ 10 分;出现重大安全事故按零分处理								
总 分				教师签名			时 间		

学习活动 6.5　工作总结、成果展示、经验交流

学习目标

- 能正确规范撰写总结。
- 能采用多种形式进行成果展示。

- 能有效进行工作反馈与经验交流。

 建议学时

2 学时。

 学习准备

课件、展示工件。

 学习过程

1.查阅相关资料,写出工作总结的组成要素。

2.写出成果展示方案。

3.写出工作总结和评价。

 评价与分析

活动过程自评表

班 级		姓 名		学 号		日 期		年 月 日		
评价指标		评价要素				权 重	A	B	C	D
信息检索		能有效利用网络资源、工作手册查找有效信息				5%				
		能用自己的语言有条理地去解释、表述所学知识				5%				
		能将查找到的信息有效转换到工作中				5%				

续表

评价指标	评价要素	权　重	A	B	C	D
感知工作	是否熟悉工作岗位,认同工作价值	5%				
	在工作中,是否获得满足感	5%				
参与状态	与教师、同学之间是否相互尊重、理解、平等	5%				
	与教师、同学之间是否能够保持多向、丰富、适宜的信息交流	5%				
	探究学习,自主学习不流于形式,处理好合作学习和独立思考的关系,做到有效学习	5%				
	能提出有意义的问题或能发表个人见解;能按要求正确操作;能够倾听、协作、分享	5%				
	积极参与,在产品加工过程中不断学习,提高综合运用信息技术的能力	5%				
学习方法	工作计划、操作技能是否符合规范要求	5%				
	是否获得了进一步发展的能力	5%				
工作过程	遵守管理规程,操作过程符合现场管理要求	5%				
	平时上课的出勤情况和每天完成工作任务情况	5%				
	善于多角度思考问题,能主动发现、提出有价值的问题	5%				
思维状态	是否能发现问题、提出问题、分析问题、解决问题、创新问题	5%				
自评反馈	按时按质完成工作任务	5%				
	较好地掌握了专业知识点	5%				
	具有较强的信息分析能力和理解能力	5%				
	具有较为全面、严谨的思维能力,并能条理明晰地表述成文	5%				
自评等级						
有益的经验和做法						
总结反思建议						

等级评定:A:好　　B:较好　　C:一般　　D:有待提高

活动过程评价互评表

班　级		姓　名		学　号		日　期	年　月　日		
评价指标	评价要素				权　重	A	B	C	D
信息检索	能有效利用网络资源、工作手册查找有效信息				5%				
	能用自己的语言有条理地去解释、表述所学知识				5%				
	能将查找到的信息有效转换到工作中				5%				
感知工作	是否熟悉工作岗位，认同工作价值				5%				
	在工作中，是否获得满足感				5%				
参与状态	与教师、同学之间是否相互尊重、理解、平等				5%				
	与教师、同学之间是否能够保持多向、丰富、适宜的信息交流				5%				
	能处理好合作学习和独立思考的关系，做到有效学习				5%				
	能提出有意义的问题或能发表个人见解；能按要求正确操作；能够倾听、协作、分享				5%				
	积极参与，在产品加工过程中不断学习，综合运用信息技术的能力提高很大				5%				
学习方法	工作计划、操作技能是否符合规范要求				10%				
	是否获得了进一步发展的能力				5%				
工作过程	是否遵守管理规程，操作过程符合现场管理要求				10%				
	平时上课的出勤情况和每天完成工作任务情况				5%				
	是否善于多角度思考问题，能主动发现、提出有价值的问题				5%				
思维状态	是否能发现问题、提出问题、分析问题、解决问题、创新问题				5%				
互评反馈	能严肃、认真地对待互评				10%				
互评等级									
简要评述									

等级评定:A:好　　B:较好　　C:一般　　D:有待提高

活动过程教师评价表

班　级		姓　名		学　号		权　重	评　价
知识策略	知识吸收	能设法记住要学习的内容				3%	
		使用多样性手段,通过网络、技术手册等收集到较多有效信息				3%	
	知识构建	自觉寻求不同工作任务之间的内在联系				3%	
	知识应用	将学习到的内容应用到解决实际问题中				3%	
工作策略	兴趣取向	对课程本身感兴趣,熟悉自己的工作岗位,认同工作价值				3%	
	成就取向	学习的目的是获得高水平的成绩				3%	
	批判性思考	谈到或听到一个推论或结论时,会考虑其他可能的答案				3%	
管理策略	自我管理	若不能很好地理解学习内容,会设法找到该任务相关的其他资讯				3%	
	过程管理	正确回答材料和教师提出的问题				3%	
		能根据提供的材料、工作页和教师指导进行有效学习				3%	
		针对工作任务,能反复查找资料、反复研讨,编制有效工作计划				3%	
		在工作过程中,留有研讨记录				3%	
		团队合作中,主动承担完成任务				3%	
	时间管理	有效组织学习时间和按时按质完成工作任务				3%	
	结果管理	在学习过程中有满足、成功与喜悦等体验,对后续学习更有信心				3%	
		根据研讨内容,对讨论知识、步骤、方法进行合理的修改和应用				3%	
		课后能积极有效地进行学习的自我反思,总结学习的长短之处				3%	
		规范撰写工作小结,能进行经验交流与工作反馈				3%	
过程状态	交往状态	与教师、同学之间交流语言得体,彬彬有礼				3%	
		与教师、同学之间保持多向、丰富、适宜的信息交流与合作				3%	
	思维状态	能用自己的语言有条理地去解释、表述所学知识				3%	
		善于多角度思考问题,能主动提出有价值的问题				3%	
	情绪状态	能自我调控好学习情绪,能随着教学进程或解决问题的全过程而产生不同的情绪变化				3%	

续表

班　级		姓　名		学　号		权　重	评　价
过程状态	生成状态	能总结当堂学习所得,或提出深层次的问题				3%	
	组内合作状态	分工及任务目标明确,并能积极组织或参与小组工作				3%	
		积极参与小组讨论并能充分地表达自己的思想或意见				3%	
	组际总结过程	能采取多种形式,展示本小组的工作成果,并进行交流反馈				3%	
		对其他组学生提出的疑问能作出积极有效的解释				3%	
		认真听取其他组的汇报发言,并能大胆质疑或提出不同意见或更深层次的问题				3%	
	工作总结	规范撰写工作总结				3%	
综合评价		按照"活动过程评价自评表",严肃、认真地对待自评				5%	
		按照"活动过程评价互评表",严肃、认真地对待互评				5%	
总评等级							
				评定人:	年　　月　　日		

等级评定:A:好　　B:较好　　C:一般　　D:有待提高

 制件评价

一、展示评价

把个人制作好的制件先进行分组展示,再由小组推荐代表作必要的介绍。在展示的过程中,以组为单位进行评价;评价完成后,根据其他组成员对本组展示成果的评价意见进行归纳、总结。主要评价项目如下:

1. 展示的产品是否符合技术标准?

合格□　　　　　不良□　　　　　返修□　　　　　报废□

2. 与其他组相比,本小组的产品工艺是否合理?

工艺优化□　　　　工艺合理□　　　　工艺一般□

3. 本小组介绍成果时,表达是否清晰、合理?

很好□　　　　　一般,需要补充□　　　不清晰□

4. 本小组演示产品检测方法时,操作是否正确?

正确□　　　　　部分正确□　　　　不正确□

5. 本小组演示操作时,是否遵循了"7S"的工作要求?

符合工作要求□　　忽略了部分要求□　完全没有遵循□

6. 本小组的成员团队创新精神如何?

良好□　　　　　一般□　　　　　不足□

7. 总结这次任务,本组是否达到学习目标? 你给予本组的评分是多少? 对本组的建议是什么?

学生：　　　　　　　　年　　月　　日

二、教师对展示的作品分别作评价

1. 针对展示过程中各组的优点进行点评。

2. 针对展示过程中各组的缺点进行点评,提出改进方法。

3. 总结整个任务完成中出现的亮点和不足。

三、综合评价

指导教师：　　　　　　　　年　　月　　日

参考文献

［1］徐冬元.钳工工艺与技能训练［M］.北京:高等教育出版社,2005.

［2］赵勇.模具钳工技术［M］.武汉:华中科技大学出版社,2009.

［3］人力资源和社会保障部教材办公室.极限配合与技术测量基础［M］.4版.中国劳动社会保障出版社,2011.